你是哪一種呢？

- □ 混日子型
- □ 看輕工作型
- □ 遲到早退型
- □ 混水摸魚型

說好了這一次絕不辭職：不逃避勇敢面對職場的8堂課

永續圖書線上購物網　讀品文化事業有限公司

WWW.foreverbooks.com.tw　yungjiuh@ms45.hinet.net

全方位學習系列 67

說好了這一次絕不辭職：不逃避勇敢面對職場的8堂課

編　　著　何俐伶
出 版 者　讀品文化事業有限公司
執行編輯　林美娟
美術編輯　蕭佩玲

總 經 銷　永續圖書有限公司
TEL／(02)86473663
FAX／(02)86473660
劃撥帳號　18669219
地　　址　22103　新北市汐止區大同路三段 194 號 9 樓之 1
TEL／(02)86473663
FAX／(02)86473660
出 版 日　2016年02月

法律顧問　方圓法律事務所　涂成樞律師
CVS代理　美璟文化有限公司
TEL／(02)27239968
FAX／(02)27239668

國家圖書館出版品預行編目資料

說好了這一次絕不辭職：不逃避勇敢面對職場的8堂課/
何俐伶 編著. -- 初版.-- 新北市：讀品文化，
民105.02 面；公分. -- (全方位學習系列；67)
ISBN 978-986-453-025-0(平裝)
1.職場成功法
494.35　　104026192

前言

平時於辦公室裡常常抱怨自己懷才不遇的人隨處可見。他們不願改變和提升自己，整日抱怨上天不公平，不給自己機會，但當機會真正來臨時，卻往往因自身條件不夠而喪失機會。因此，正如戴爾・卡內基所說：「與其抱怨別人不重視我們，不如反省自己，不斷提升自己的能力。」

喬治很不滿自己的工作，他忿忿地對朋友說：「我的上司一點也不把我放在眼裡，改天我要對他拍桌子，然後辭職。」

朋友問他：「你對那家貿易公司的業務完全弄清楚了嗎?對他們做國際貿易的訣竅完全了解了嗎?」喬治搖了搖頭，不解地望著他的朋友。

朋友建議說：「君子報仇十年不晚，我建議你把商業文書和公司組織完全了解後，甚至連怎麼修理影印機的小故障都學會後，然後再辭職不幹。」

看著喬治一臉迷惑的神情，朋友解釋說：「你用他們的公司，當做免費學習的地方，什麼東西都做過之後再一走了之，不是既出了氣，又有許多收穫嗎？」

於是喬治聽從了朋友的建議，從此便默記偷學，甚至下班之後，還留在辦公室研究寫商業文書的方法。一年之後，那位朋友偶然遇到喬治，問道：「你現在大概多半都學會了，準備拍桌子不幹了吧？」

「可是我發現近半年來，老闆對我刮目相看，最近更是不斷加薪，並委以重任，我已經成為公司的紅人了！」

「這是我早就料到的！」他的朋友笑著說：「當初你老闆不重視你，是因為你能力不足，卻又不努力學習；而後你痛下苦功，當然會令他對你刮目相看。」

我們完全可以使別人對我們刮目相看，只要我們不再平庸。只要我們平時注重提高自己的能力，自然會得到重用。

一個成熟的人應該有很強的情緒控制能力。有一個簡單的方法可能會對控制情緒發揮到一些作用。當你非常氣憤的時候，就可以這樣做：默念數字，從一念到二十，然後到戶外活動五分鐘，藉此方式讓自己冷靜的面對讓你氣憤的事件。要想在辦公室裡做出成就來，首先就得提高自己的能力。任何人都可以比別人更出色，只要你肯努力。

第一課
我現在的工作快樂嗎？

別做辦公室的「剩人」 012
想辦法脫穎而出 016
改變習慣 020
做起事來有條不紊 025
以追求完美的心態做事 029

第二課
一飛衝天？一事無成？

抓住屬於自己的機會 034
競爭的本錢 038
比別人更出色 043

「熱身」

你的籌碼是什麼？ 045
光靠勤奮是不夠的 050
讓上司對你提出期望值 053
克服升職路上的阻力 059
找到讓你升遷的理由 062
積極爭取機會 066
069

第三課 人際好壞關鍵決定權在你

主動向別人打招呼 074
用幽默拉近彼此間的距離 079
打造良好的辦公室人脈 087
與同事和諧相處 090

請求同事做事要有技巧 094
博得好人緣 097
營造周邊關係網 102
杜絕「一次交際」 107

第四課
贏得信任

拉近與上司間的距離 112
別擅自替上司做主 122
成為上司眼裡的英才 127
保全上司的顏面 130
與上司交談時要留意態度 134
重視上司身邊的人 140
解開與上司之間的疙瘩 143

忍耐不如意的上司 148
巧妙應對各種上司 153

第五課 管理，從你忽略的小事開始

威嚴與人情 160
做下屬的朋友 165
勇於與下屬坦誠 170
樹立自己的權威 174
維護權威的禁忌 182
管好難纏的下屬 186
讓下屬工作更有力 189

第六課
懂得人情世故才不會成為邊緣人

讓同事留下好印象 194
辦公室中莫談私事 197
注重影響關係的言行 199
消除同事間產生的誤會 205
不要輕易干擾同事的生活 209
成為辦公室中的受歡迎者 214

第七課
以和為貴

化解矛盾從自己開始 220
不要和同事搶功勞 225
面對指責時要從容 228

得饒人處且饒人 231
不要與別人結怨 235

第八課
不要陷入人事糾紛的漩渦

派系相爭中沒有不倒翁 240
別處在鬥爭的夾縫中 242
介入派系必然受害 244
看清同事的真面目 248
瞭解下屬有多深 252

第一課

我現在的工作快樂嗎？

要如何能保持你在辦公室裡的競爭優勢呢？
現實告訴我們：你必須是個不可替代的人。

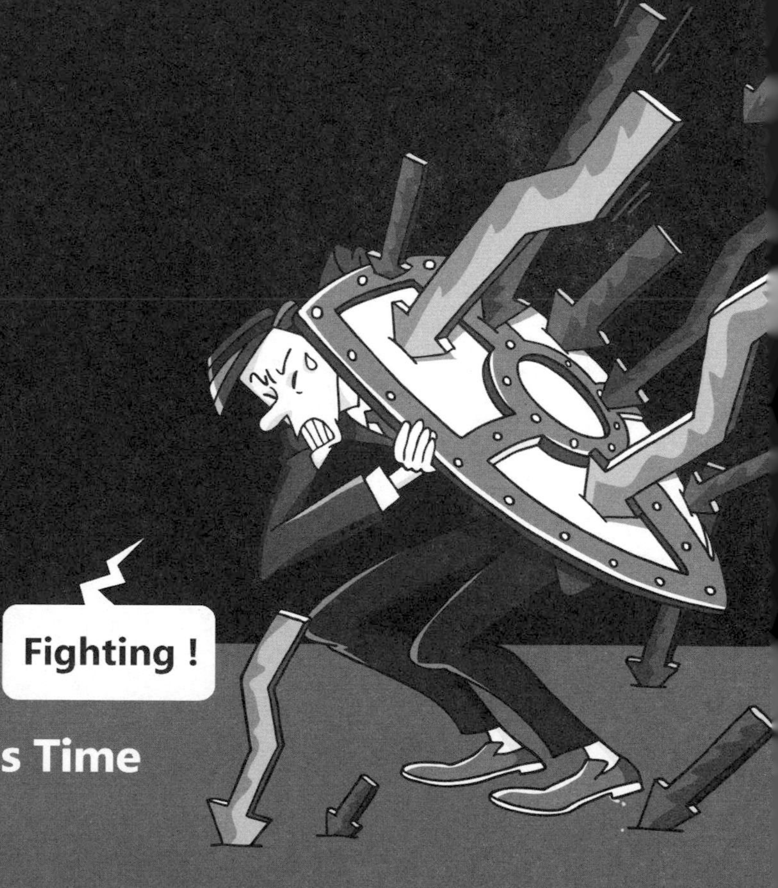

I Will Not Quit This Time

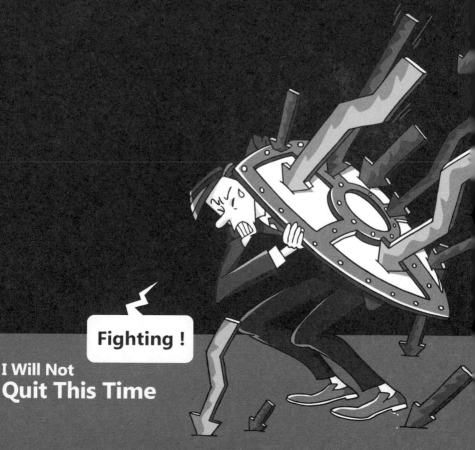

別做辦公室的「剩人」

在辦公室中，有些人得過且過，甘願做個永遠落後在隊伍後面的「末等公民」。這些被別人看不起的人，也許有少數人日後會有出人意外地發展，但絕大多數人還是無法取得成功，且令人看不起。工作是人生的重頭戲，你要靠工作來養家糊口，要在工作中發揮才能，發揮自我。因此，你一定要記住：別在工作上被人看不起！

被人看不起雖然不一定會影響你的一生，但絕對不是一件好事，對你個人而言也不會有什麼積極的一面。一般而言，於工作上被看不起的人大致有以下幾種：

一、混日子型

這種人不把工作當一回事，不但表現不積極，連犯錯也不在乎，他心裡總是想「反正混一口飯吃」，他總是採取一種應變的態度：「此處不留人，自有留人處。」

這種人讓人看不慣，可是他每天準時上下班，待人又很客氣，讓你無法抓到他的小辮子。這種人自己好像過得很舒服，其實其他人早在心底把他看輕了。

二、看輕工作型

這種人常說「這個工作有什麼了不起」或是「這職位有什麼了不起」，一副懷才不遇的樣子。他看輕自己的工作和職位，既然不喜歡，但是他又不走，這樣他的行為就刺激了其它兢兢業業工作的同事，於是他們也就看不起他了。

三、遲到早退型

每個人都免不了會遲到早退，可是不能經常如此，雖然老闆有時不知道，但同事們卻會在乎，因為他們覺得不公平，可是他們又不習慣，也不願和你一樣遲到早退，同時也沒資格說你，在拿你沒辦法的情況下，就會看輕你了。也許你有特殊的個人原因，可是別人是不會理會這些的，除非你有很好的工作能力和績效，讓其它人不得不信服你！

四、混水摸魚型

這種人機靈狡猾，看起來工作很認真，其實都是在做樣子，他永遠不必承擔責任，但永遠都有好處可得。雖然能言善道，人緣不錯，但實際上別人早在心裡看不起

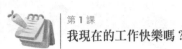

他！其它還有很多種類型，如爭功諉過型、孤芳自賞型、獨善其身型，但這幾種都比不上前幾種更易使人被看輕。

如果你屬於其中的一種，那你就是不敬業。你不敬業，則無形之中刺激、羞辱了那些敬業的同事，他們會看輕你以示報復，並認定你是個不求上進的人，如果你的這種表現也被主管和老闆知道，那你就別想在工作職場上有所表現了！因為他們也不願意重用你！也許你會說，被人看輕就被看輕吧，有什麼了不起的？其實，被人看輕的主要不利不在於別人，而是你自己。

如果你因不敬業而被人看輕，這些評語會到處傳播，這對你相當不利，事態若太嚴重，你甚至連新的工作都會找不到，因為同行一定知道你不敬業，在一個公司或部門內，誰願意用一個不敬業的人呢？

如果你不敬業，就算人們不去四處散播，那對你也沒有好處，因為你無法從工作中汲取更多的經驗，而一旦養成了一種不敬業的習慣，你一輩子就別想出頭了！工作上被人看不起，與自己的工作態度有很大的關係，如果你能力一般但拼勁十足，人們也還是會尊敬你。但他們不會尊敬一個能力很強，但工作態度不佳的人。如果你能力平平又不敬業，那別人肯定會看不起你——你甚至會有捲鋪蓋走路的可能！有的人認為，要想改變自己在工作中被人看不起很困難，其實並非如此。

每天早晨，只要我們下定決心：要力求在工作上做得更好些，較昨天有所進步，而晚上離開辦公室、離開工廠或其它工作場所時，一切都應安排得比昨天好。這樣做的人，在短短的一年之內其業務必定有驚人的進步。大多數人的弊病是，他們認為要改進自己在工作中被人瞧不起是一項一蹴而就的事。

他們不知道改進的唯一祕訣，乃是隨時隨地求改進，在小事上求改進，所謂大處著眼，小處著手。其實，也只有隨時隨地地求改進，才能收到最後的成效。

如果把這句話掛在自己的辦公室裡，一定會有功效：「今天我應該在哪裡改進我的工作？」如果你能現在就把這句話作為格言，便會產生無窮的影響力。

你會隨時隨地求進步，你的工作能力就會達到一般人難以企及的程度，你最終會取得極大的成就。

想辦法脫穎而出

在辦公室中有一條常理：在新的工作職位上迅速起步，意味著你距離事業上成功只有一步之遙。想做出成績，就得採用相應的原則。

一、使自己儘快被人發現

卡爾任職於紐約市一家規模很大的廣告公司，身處於一群競爭力很強的年輕同事之間。他們被指派去向各藥店經理調查其產品的銷售情況。而這些藥店經理卻常常因為工作繁忙而把調查者匆匆打發走。卡爾決定採取一項非常特殊的方式。他借了一身訂做的高級西裝，並租了一輛配有司機的轎車，然後他令司機把自己惹人注目地送到每一個藥店門前。藥店經理非常歡迎這樣高階主管的拜訪，於是卡爾替廣告公司帶回了大量的調查記錄。公司也於短時間內將他提到一個重要的位置。

二、精心完成你的第一次任務

施來特・比爾從哈佛商學院畢業後，接受了在萊渥兄弟公司的任職。這是一家批發保健和美容產品的公司。他並不清楚自己有沒有推銷產品的本事，但他決心成為一個出色的推銷員。其它推銷員每周工作三、四十個小時，他卻每周工作六天，每天工作十二小時，不停地打電話給顧客推銷產品。這樣，他大幅超額完成了公司所定的推銷工作，於是很快在萊渥兄弟公司推銷部門升遷。後來他更高升為萊明頓公司的總經理。

三、全面瞭解工作環境

卡比娜半路出家，由新聞業轉入克里夫蘭信託公司。卡比娜說：「剛一進公司，我就決定要在前三個月內對銀行的所有業務比其它任何人都知道得多。」於是，她除了工作之外，每天都不斷打聽每一條走廊裡的情況，記住不同部門的名字和位置。她還每天向銀行不同職位的人員打聽，問人家：「你們那些同事們到底在做些什麼呀？」三個月之後，連許多銀行的資深員工都來靠她提供迅速和正確的訊息，她成了訊息源。這樣，她很快升任了公共關係部門的主管。談到這個簡單的技巧時，她永遠興奮不已，說道：「任何人都可以在一個大的機構中做到這一點，這一點不難，但結果卻非常奇妙。」

四、先回答「當然可以」

哈佛德・福勒曾是一個熟練的建築工人，後來到得克薩斯的一家公司工作。他的新工作是全廠的機械維修。一天，公司經理召見他，問他：「哈佛德，公司現在希望製造一種機械，它從最後一個紙滾子上把紙撕下來，然後切割、放置，在這過程中又不停機，你看能不能設計一個這樣的裝置呢？」哈佛德想了一下說：「可以。」事後談起此事，他說：「我當時對那個機器的設計連點影子也想不出來，我只覺得我不能說不行。」經過多次試驗，他終於設計出了這種裝置，解決了老闆的問題。福勒也很快的被提升為工程師，後來又晉升為總工程師。

五、鼓起你的熱情

一個充滿熱情的新來者能帶動起整個部門。當然有些時候你也會情緒低落，但也有方法使你走出情緒的低谷，那就是：如果你希望自己熱心起來，那就在行動上先熱情起來。內在的熱情也就會隨之而來，而且會在你的同事和上級那裡得到同樣的回饋。

六、勇於改革根深蒂固的舊方法

凱恩·比利在俄克拉何馬巴特萊恩維帝國汽油和燃料公司接受技術培訓時，他就躍躍欲試想利用他的技術知識。但他在技術培訓中接受的第一項工作是蹲在料場裡數螺母、螺栓和其它小零件，然後再到另一個料場重複此工作。他想他可能要受幾個月這樣的窩囊罪。於是他想出了一個辦法，他先一批一批地秤這些零件的重量，然後再換算成零件的個數。當監工發現比利只有用了一般人所用時間的零頭就完成了工作，他馬上向他的上級報告了這位年輕人的方法：很快，比利就被轉入實際的技術工作，接著他又被提升去管理一個分廠。在新的職位上早日脫穎而出的方法就是儘早發現一個致勝的訣竅。

但是，即使你已經為起步道路的障礙所阻晚了一步，當你面對明天工作的時候，也應該像你第一天開始做一個新的工作那樣去努力。

改變習慣

仔細觀察，你就可以發現辦公室裡那些有成就的人，都有良好的生活和工作習慣。如果你打算今後仍像目前一樣碌碌無為，那麼你不必籌劃自己的生活。

想改變，想勝人一籌，就從改變習慣做起：

一、瞭解別人，爭取支援

請想想，商、政以至其它各界的領袖人物，他們大都知道如何使自己要做的事獲得別人的支援。他們會說服別人接納其觀點，也知道別人會如何做。你要想獲得別人的支援，你必須知道他們最重視的是什麼，他們有什麼信仰和恐懼，你要說什麼才可以獲得他們的信任，你要駕馭別人，也必須尊重別人的自尊，同時要他感到「此事對我有益」。你要向可信賴、經驗豐富的人學習。例如你找到了一份新工作，就應向

一、兩位老員工探聽公司作業的方式。他們熟知公司的情況，可以告訴你高層的喜好，甚至告訴你晉升的祕訣。你必須明白自己和同事「為什麼」以及「如何」做目前的工作。你要瞭解人類的天性，只有這樣，你做的一切才能引起別人的共鳴。

二、對自己的行為負責

假如你不喜歡目前的工作，假如你活得不快樂，責任在你自己的身上。只要你承認，目前情況是自己造成的，那麼，你就可以分析，自己是如何導致如今這個局面的。你是否誤信他人，或忘了提出自己的要求，或對自己的要求過低？明白了自己的責任，你就能豁然開朗，不會再說：「他們為什麼這樣對我？」你會說：「我未何要這樣對待自己？我要如何自我改造，才能改變這種局面？」你明白瞭解決問題要靠自己，就會行動起來改變自己的生活。

注意，我沒說你該責怪自己，只是說你要對自己的所為負責。這裡的差別是很重要的。我想要你明白的是：如何選擇、如何處事都由你自己決定，因而你應該為結果負責。即使你童年時曾經有過慘痛的經歷，但那時，你無力抗拒，現在你身為成年人，絕對可以尋求解決之道。你必須明白，過去的事已經過去，未來的事還未來臨，你要知取捨。

三、正視問題

努力解決假如你不願意正視問題，就不可能解決問題。你必須切實瞭解自己的不是，不怕質疑自己的信念與行為。你是不是太懶惰了？太膽小了？你有沒有生活目標？是不是經常對自己失信？你不能一味地替自己找藉口推卸責任。推卸責任會扼殺夢想，甚至會使你走上絕路。

如果你總是推諉、逃避，你就永遠不能正視問題，於是也就不能解決問題。你要承認自己不是完美的，要能夠從經驗中吸取教訓，勇於抉擇，改變不符合理想的現狀。

四、積極行動

改變生活人家如何看你，會嘉許還是懲罰你，都取決於你的行為。換言之，行動才是最重要的。你心裡想什麼，人家不會在意。無論你有什麼思想或大道理，假如不付諸實施，就沒有任何價值。比如，醫生明知病人已氣息奄奄，卻不聞不問，病人肯定死定了；你明知自己的婚姻已經出現危機，還不努力補救，婚姻最後一定以離婚收場。你只有切切實實改轅易轍，才能改變生活。

請立即行動起來，為生活做一些事。這些事可以是健身，可以是重返校園，也可以是尋找新工作，總之，行動會為你的生活帶來新的動力。你會認識新朋友，找到新機會，不久就會發現生活多采多姿。

五、目光遠大

不懈努力人生不可能沒有困難和煩惱。有些人可能家庭生活一帆風順，工作上卻不順利；有些人則相反，工作如意，家庭卻一塌糊塗。接受這個事實，你就不會把每個問題都看成是危機，也不會認為自己是人生旅途上的敗將。你就是你自己的經理人，必須講求效率，爭取豐厚回報。假如你目前不是一個好的經理人，那就得振作起來，下決心解決問題，而不是逆來順受。你要為自己制訂全盤的計劃，不要任由命運擺佈。要明白：你應該得到的一切不該比別人差，你要為自己努力。如果你不求大富大貴，可能日子過得很舒服，但是這種生活暮氣太重，未必真是福氣。你應該不斷進取，為更高的目標而更加勤奮聰明地工作。我確認，假設有一個精靈從瓶子裡出現說：「請告訴我你要什麼？」

多數人會張口結舌，不知道要什麼好。他們大概會說：「不要什麼。」但是這可是不行的。你必須認定自己的目標。建議你需要快點制定計劃。對你來說，成功是什麼？成功的感覺是如何的？你會如何爭取成功？在哪裡爭取？和誰一起爭取？你必須大膽構思，但是不能脫離現實。

如果你已四十五歲，既不能跳又不能跑，卻想做一個職業運動員，那就太不切實際了。你可能要選擇其它的目標。假如你的目標很高或很不尋常，請不要怯於啟齒。不少東西即使你提出要求，都未必得到；連要求都不提出，就更不用說了。

你在報紙上登廣告賣二手車，要價七千美元，有人會出九千美元買嗎？因此，目標不要定得太低，否則你終生會做著自己不願意做的工作。只有當你制定了目標，你才可以為這目標努力奮鬥。

但必須注意的是，你的目標必須務實，更要清晰。

做起事來有條不紊

很多辦公室成員都抱怨事太多，時間不夠用。他們日復一日地埋頭於繁瑣的事務中，看似十分努力，但做出的成果卻十分有限。反觀另一部分人，他們平時也不怎麼忙，但成就一個接一個，令人羡慕不已。細察之後，才發現，他們不過做事有條理而已。工作沒有條理，同時又想把蛋糕做大的人，總會感到手下的人手不夠。

他們認為，只要人多，事情就可以辦好了。其實，你所缺少的，不是更多的人，而是使工作更有條理、更有效率。由於你辦事不得當、工作沒有計劃、缺乏條理，因而浪費了大量員工的精力，但吃力不討好，最後還是無所成就。沒有條理、做事沒有秩序的人，無論做哪一種事業都沒有功效可言。

而有條理、有秩序的人即使才能平庸，他的事業也往往有相當的成就。大自然中，未成熟的柿子都具有澀味。除去柿子澀味的方式有許多種，但是，無論你採用哪一種方式，都需要花一段時間來成熟。

如果你不等一定的時間就開啟，就沒法使柿子成熟而除去澀味。這麼說來，叫猴子去等柿子成熟，似乎不可能。因為猴子會經常開啟來瞧瞧，甚至咬一口看看，於是它就沒有希望能嚐到甜柿的滋味了。

任何一件事，從計劃到成功的階段，總有一段所謂時機的存在，也就是需要一些時間讓它自然成熟的意思。無論計劃是如何正確無誤，總要不慌不忙、沉靜地等待其它更合適的機會到來。假如過於急躁而不甘等待的話，經常會遭到破壞性的阻礙。因此，無論如何，我們都要有耐心，壓抑那股焦急不安的情緒，才不愧是真正的智者。假若連最起碼的等待都做不到的話，那麼和猴子也沒什麼兩樣。

一位企業家曾談起了他遇到的兩種人。有個性急的人，不管你在什麼時候遇見他，他都表現得都非常忙碌的樣子。如果要與他談話，他只能拿出數秒鐘的時間，時間長一點，他會伸手把錶看了再看，暗示著他的時間很緊。他公司的業務做得雖然很大，但是開銷更大。

究其原因，主要是他在工作安排上沒有妥善安排，毫無秩序。他做起事來，也常為雜亂的東西所阻礙。結果，他的事務是一團糟，他的辦公桌簡直就是一個垃圾堆。他經常很忙碌，從來沒有時間來整理自己的東西，即便有時間，他也不知道如何去整理、擺放。

另外有一個人，與上述那個人恰恰相反。他從來不顯出忙碌的樣子，做事非常鎮靜，總是很平靜祥和。別人不論有什麼難事和他商談，他總是彬彬有禮。在他的公司裡，所有員工都寂靜無聲地埋頭苦幹，各樣東西擺放得也有條不紊，各種事務也安排得恰到好處。他每晚都要整理自己的辦公桌，對於重要的信件立即就回覆，並且把信件整理得井井有條。

所以，儘管他經營的規模要大過前述商人，但別人從外表上總看不出他有一絲一毫的慌亂。他做起事來樣樣清清楚楚，他那富有條理、講求秩序的作風，影響到他的全公司。於是，他的每一個員工，做起事來也都極有秩序，一片生機盎然之象。你工作有秩序，處理事務有條有理，在辦公室裡絕不會浪費時間，不會擾亂自己的神志，辦事效率也極高。

從這個角度來看，你的時間也一定很充足，你的事業也必能依照預定的計劃去進行。廚師用鍋煎魚若不時翻動魚身，那樣會使魚變得爛碎；相反，如果盡煎一面，不加翻動，將粘住鍋底或者燒焦。最好的辦法是在適當的時候，搖動鍋子，或用鏟子輕輕翻動，待魚全部煎熟，再起鍋。不只有是烹調需要祕訣，做一切事都得如此。當準備工作完成，進行實際工作時，只須做適度的修正，其餘的應該讓它有條不紊、順其自然地發展下去。

人的能力有限，無法超越某些限度，如果能對準備工作儘量做到慎重研究、檢討的地步，至少可以將能力做更大的發揮。今天的世界是思想家、策劃家的世界。唯有那些辦事有秩序、有條理的人，才會成功。而那種頭腦昏亂，做事沒有秩序、沒有條理的人，成功永遠都會和他擦肩而過。

以追求完美的心態做事

同樣完成一件事，不同的人有不同的做事標準。有的人敷衍了事，他們把交托的工作草草完成便往上交，至於完成的好與壞，他們不管；有的人盡職盡責，這些人嚴格按上級下達的工作標準做事，既不差一分，也不多做一分；還有的人追求完美，他們不只有把交付的工作完成，還力圖做得更好。以完美作為辦事的標準是成功者的要求。如果你能這樣想，無論你做什麼，品質都很好，都不會自滿。因為世界上很少有東西是絕對完美的，即使是最好的產品都有缺陷。

然而，無論在公司或組織中，就是因為你設立這樣一個完美的目標，可以提升每一個人對品質的意識，使每個人做事都變得非常認真，因為每個人都在研究，要如何把事情做得更完美。只要你追求完美，就可以保證你能成功。而世界上為人類創立新理想、新標準，扛著進步的大旗、為人類創造幸福的人，就是具有這樣追求完美無缺素質的人。無論做什麼事，如果只是以做到「還可以」為滿意，或是半途而廢，那就很難成功。在工作中應該追求完美、滿分。不完整的工作成果只會使別人麻煩，對自己的成長也沒有好處。人類的歷史有不少悲劇，很多是那些工作不可靠、不認真的人的苟且作風所造成的。

有人曾說：「無知與輕率所造成的禍害，不相上下。」許多年輕人的失敗，就在這「輕率」的一點上。他們念念不忘的，是想獲得較高的位置、較大的機會，使自己有「用武之地」。

他們常對自己這樣說：「我們職務平凡、渺小，工作枯燥、機械，有什麼意義呢？那真是不值得去拼搏！」因此，他們的工作，往往需要他人的審查、校正。這樣的人，難於升到優異的位置上。但是，凡是出類拔萃的青年，對於每件尋常、細微的事，都能認真思考，不肯安於「還可以」或「差不多」，必求其盡善盡美。他們能在簡單、平凡的工作職位中，看出與創造出機會。他們比一般人更敏捷、更可靠，自然能吸引上級的注意，博得主管的賞識。他們每做完一件事，都能勇敢地對自己說：「對於這份工作，我已盡心盡力，可以問心無愧。我不但做得還好，而且在我能力範圍內做到了『最好』。對於這份工作，我能夠經得起任何人的檢視與批評。」

巴爾扎克有時是用了一星期的時間僅寫成一頁稿紙，但他的聲譽，卻遠非近代的某些不嚴謹的作家所能企及。狄更斯不到準備充分時，不肯在公眾前朗讀他的作品。這些都是人們務求盡善盡美的美德。然而不少人對於職務、工作苟且、潦草，藉口時間不夠，這是不對的。因為，時間足夠使我們把每件事情做得更好。假使每個人無論做什麼事，都能盡至善之努力，以求得完美的結果，那我們的生活一定變得更完善、更快樂，人類幸福真不知能增進多少！追求完美，就應該注意從以下幾個方面著手：

第一，如果面臨失敗，對於「原因在哪裡」、「為什麼會失敗」等等之類的問題，都要及時自我反省，認真檢討，要不斷注意技術上、精神上、生活上存在的缺點。第二，要想成功必須具有絕佳的記憶，若是別人一提及，你就能緊跟著聯想起來的絕活。第三，要有萬一失敗應如何挽回殘局、減小損失的準備。

為了預防萬一，要事先準備好第一方案、第二方案、第三方案等等多種解決突發事件和意外情況的方案，不可孤注一擲。追求完美的過程，不可能一步到位，因此不能急於求成。不管任何事，任何人都無法一次做到盡善盡美，要反覆、一次又一次地實踐，不要老是顧盼著自己離「完美」還有多遠，現在可以打多少分，這樣並不好。

成功需要靠時間和努力的點滴累積，把「完美」當作一種目標裝在心裡，然後全新權力的專注於自己的工作。在達到完美境界的過程中，有許多人為的因素，也有很多現實生活中不能克服的障礙。

但是，如果我們無法堅持不做自己不清楚的工作的基本信念，就會因為工作量或處理產品件數的增加，而顧此失彼。現在某些公司就是因為非常堅持這個原則因而大有發展。這類公司只要自己的產品有點瑕疵，不管是誰訂的，或訂的是什麼貨，在什麼狀況下都不會貿然出貨。即使因此使同行搶先了一步也沒有關係，這是他們堅持的方針。

換句話說，就是希望自己的貨都是完美的。做事乾淨利落，不拖泥帶水，該辦的事儘早去辦，該了結的儘快了結，有這種工作和生活態度的人，處處會受到別人的信賴和喜愛。追求完美無缺，並能畫龍點睛，錦上添花，這是事業成功的因素，也是個人能力的展露。

第二課

一飛衝天？一事無成？

在公司管理的主管階層裡，偶爾會出現職位的空缺。當這空缺沒有被填補上時，作為辦公室一員的你，千萬別把命運放在別人手裡。

I Will Not
Quit This Time

抓住屬於自己的機會

即使是碰上好機會，讓你遇到了意外情況，可是拘泥於司空見慣，或者思想沒有準備，頭腦不敏感，或者粗心大意，或者雖然注意到特殊現象，但不打算進一步研究等，都會導致機會喪失。

在弗萊明以前，就有其它科學家見過青黴素菌能抑制住葡萄球菌的現象；在倫琴以前，已經有物理學家注意到X射線的存在；琴納家鄉的不少人都知道感染過牛痘的人，能免生天花，特別是那些擠奶工。但是，由於他們不以為然，而坐失良機。

一百多年前，有位叫李維斯・史特勞斯的德國猶太人到美國舊金山去經商。除了別的商品，他還帶了些帆布以供淘金者做帳篷之用。但他還沒有來得及下船，除了帆布，其它貨物都一售而空。一針一線都需從外面進口的舊金山人需求之旺給李維斯留下深刻印象。下船後，李維斯帶著帆布開始了他的「淘金」歷程。他幾乎立刻就和一位挖金的礦工迎面而遇，此人抱怨說，他們需要的並不是帳篷而是挖金時經磨耐穿的褲子。頭腦靈活的李維斯一點也不含糊，隨即和那位礦工一起到裁縫店，用隨身帶的帆布給他做了一條褲子，這就是世界上第一件工作褲亦即今日十分時髦的牛仔褲的鼻祖。那位礦工回去之後，消息不脛而走，大量訂貨迅即而來。李維斯抓住了機遇，勇於行動，為自己贏得了財富。

在辦公室裡同樣也是如此：機會總是青睞那些善於識別並且能夠抓住它的人。成功人士總是比常人更能靈活地抓住屬於自己的機會。他們之所以成功，是因為抓住和創造機會是需要原則和技巧的，它不只有要求你對從事的工作充滿熱情，還要求你具備相當的專業技能。

想抓住屬於自己的機會，要分三步走：

第一步，給自己準確定位透過給自己準確定位，你就能夠創造出機會。你可以定位於某種不夠完善的服務，也可定位於一種新趨勢。一旦發現市場上有這種需求，你就要從各種角度客觀地進行分析，然後發揮自己的創造性，看看自己如何才能滿足這種需求。這一原則對於創業和求職都是適用的，透過這樣做，你可能會想到更好、更快、更便宜或更高品質完成某事的方法，也可能會獲得提供一種全新服務的創意。

第二步，成為行家手要將自己的職業或公司定位於你擅長而且鍾愛的領域。一旦定位，就要想辦法成為這一領域的行家。現在你設計一套能使你脫穎而出、引人注意的原則。建立、提升、管理一個與你的專業領域相關的網站、網路日記或是線上論壇；寫文章並向相關的雜誌、報紙、網站投稿；寫書並自行出版；進行公開演講；擴大自己的知名度和影響力；提供諮詢、指導服務。上述事情能夠加深你對行業的瞭解，並能將你的知識與世人分享。如果你做得很出色，在這一領網域舉足輕重的人將會注意到你。你可能會成為人們求教的對象，這將使你處於非常有利的位置上——你不再是默默無聞的小人物，你已經是一位難得的人才。第三步，付出先於收穫向成功邁進的最好辦法之一是付出。當你在自己拿手的領域付出時，這種方法將收到雙倍的功效。無論你是主持一個免費的產業趨勢論壇、撰寫並發表免費文章，還是在產業活動中充當志願者，你都在以有意義的方式提高自己的專業技能，與此同時，你吸引了人們的注意力。另外，要確定你所想要的和你所會接受的東西是什麼。你的目標是什麼？是得到一個職位？是找到自己想做的事情？還是為了出名？對於努力工作可能產生的結果，你應該給自己界定一個可以接受的範圍。當然，你有一個偏好目標，但對於不可預見的結果應當持有一種十分開放的態度。當你專注於某事時，生活會以有趣而令人愉快的方式給你提供機會。要對這些機會持開放態度，不要讓最初的想法矇住了雙眼。

如何才能抓住機會呢？你不能也不應該做所有的事情。選擇適合你的戰略戰術，制訂計劃，並按計劃行事。這聽起來簡單，而抓住機會的最重要的部分莫過於執行了。除了遵循上述過程外，要創造屬於自己的機會，還要具備以下幾種特質：正確的心態：只有對自己負責，你才能創造機會。自知之明：瞭解自己的價值觀和專業技能，瞭解自己的強項和弱點所在。要找出適合於自己做的事情，而不是勉強自己去適應工作。

知識和技能：成為專家，但除此之外，還要培養自我推銷的技能。

分析思考能力：對機會進行分析，做出合理的決策。

樂觀精神：不要指望輕易的成功，任何時候都不要失去「採取行動」的精神。

靈活性：當你充滿創造力的時候，好的事情就會發生，不過有的時候結果卻不能完全如你所願。

只要對生活賦予你的東西持有靈活的態度，你就會獲得意外的驚喜。

競爭的本錢

沒有人甘於永遠居於人下，得到上司的賞識，並因此獲得提升是大多數人的願望。可惜老闆永遠高高在上，每天總有處理不完的業務，不可能對每名下屬的才能都有深刻的瞭解。所以，聰明的員工，他們懂得製造自我表現的機會，並善於把握機會，盡顯自己所長。有些方法，能助你突出自己的長處，讓上司對你有深刻的良好印象，一旦日後有職缺時，他也會較容易想起你。

也許你覺得在公司的餐廳午餐，或是買個便當在辦公桌上草草解決午餐問題，是一件很痛苦的事情，但每星期你最好能有三天在公司裡進餐，稍做休息後，便回到自己的工作崗位上，表現出精力充沛、充滿熱忱的樣子。除了對自己的工作性質有深刻瞭解外，你還須對其它部門的工作有一定的認識，虛心向人請教自己不明白的地方，千萬別以為這是費時費力的事情，老闆會對這種努力不懈的職員極具好感。

對於公司的發展情況，及業務上的問題，你要特別留意，此舉可令你對公司所面對的種種問題，比其它同事知道得更早，在上司未計劃如何指派工作之前，你已毛遂自薦，主動提出肩負解決某些疑難的責任。假如自己做錯了什麼事情，你要對上司直言不諱，切勿推卸責任，此舉會令上司覺得你是一個可靠的職員。兩個具有同等學歷、同等工作能力的員工，老闆將如何去選擇要提拔的人選呢？那當然是較機伶、人際關係良好、尊重上司、處處給人好感的那一個人勝算較大了。所以，要競爭，就要存起本錢。老闆指派的工作，應該打起精神，而且要快而準地做妥，當呈報老闆時，要表現得不慌不忙，笑容加輕鬆，準能給人好感的。每天第一次與老闆相遇，別忘記說聲「早安」或「午安」，這不是拍馬，是尊重。見到老闆有什麼疏忽了的地方，如衣角染污了、頭髮有穢物等，立刻助他一把，這又叫善解人意。

你平日與其它同事十分投契，無所不談，尤其是下午茶或午飯時，張三李四都會數落一頓的，但請記著，千萬別在別人面前講你上司或老闆的不是。俗話說得好：「人前莫論他人短」，因為任何人在利害關頭之前，難免會出賣你的，一旦被老闆知曉，你就必然會被記上一筆不好的印象，無心之失，實在影響太大，且也太不值得了。有一句話請有志升遷的朋友謹記：平庸之輩永遠沒有機會。

田小姐是行政助理，公司裡大小事情均由她協助處理，井井有條，人人都稱讚她「和藹可親」、「責任感十足」。主管亦常說：「沒有了她，我真不知如何做事。」當主管另謀高就時，田小姐一心以為主管這個空缺非己莫屬了。可是，匆匆過去兩個星期，一點動靜也沒有，田小姐心急如焚，忙向其它同事打聽。得到的消息是：公司已聘用一位新同事出任主管職位，而此人還在一家較小規模的公司裡工作，學歷亦不比田小姐高。田小姐十分生氣，怎麼老闆會漠視自己的存在？真正原因，竟是田小姐的形象不佳。無論上司、下屬、任何人有所求，田小姐皆不會拒絕，小至借用會議室，大至逾時工作，田小姐俱肯遷就別人，除了獲得「平易近人」的美譽外，同時被視為「無性格」。還有，連雞毛蒜皮之事也插手，又從來不會逆上司旨意，亦給人欠「侵略性」之感。一般而言，老闆在找一個具開拓性和魄力十足的主管時，必然不會考慮這等「平庸」之輩。

有什麼辦法引起人們的注意力？那就是要爭取表現自己的機會。公司同事眾多，遇上有人放長假、產假、或請病假，即表示有暫時的空缺，當然若這些職位比你進階就最好，你大可以向上司表明心意，做其職務代理，一則爭取學習機會，二則告訴人們，你除了本員工作出色之外，做其它工作也一樣有聲有色！或者有人遭解僱、調職或剛升遷，亦是你的大好機會，細心研究那職位的工作範圍和職權，然後準備一份工作計劃書，親自向老闆說明，表現你的口才與智慧，即使這次他認為新職並不適合你，但你至少已給他一定特別的印象，下一次可能就會想起你，讓你一顯身手。沒有空缺，也請你把自己「武裝」起來，即是處處表現你的潛力。

從現在開始，若是上司遲到、放假、出門，請不要苦等他回來派工作，先協助他解決簡單的事務，不過，請小心，你只是協助他，不是與他競爭，要是對他造成威脅，則吃虧的是你！所以應凡事顧及他的利益，隨時向他報告工作進度和徵求他的同意。如果你的上司不習慣委託下屬做些重要工作，你何不做使他破例的人呢？告訴他你的意見，讓他知道由你做決定，你會如何做和有能力去做。

當然，你必須經常學習所有有關上司的工作，分擔他的繁重工作，但切記不要太急進，也切莫把他的光芒掩蓋，並且須小心「功高震主」讓主管感受到無名的威脅。這樣，你升職的機會必然會大增。在你「表現」自己之前，請先做「家庭功課」，把計劃預先弄好，擬採取的多種方法，但不要堅持己見，在未站穩腳跟之前，最好依照上司的過去程序做事，要把成果擺在他面前。當任務愈來愈多時，最好把自己無關緊要的瑣事暫時放置一旁，把精力集中於重要的事務上。遇到困難，別把決定權留給上司，設法找到解決辦法才去見上司，要是你對困難認識不夠沒有能力解決時，別遲疑，可先利用網路資源先尋找相關的資料解決問題，若仍無法解決時則可利用自己的人脈，尋求朋友們寶貴的知識和經驗！總之，做了一半的報告、問號多多的計劃，是不會受到上司欣賞的，因為你根本不能替他分擔重任，要提升你，自然是天方夜譚了。

表現自己，是要表現長處、表現才能，而絕不是表現弱點。你由甲職位調到乙職位，工作性質不同，對你本身很有好處，一則可以有不同體驗，二則更能實習人際關係。一般人最易犯的毛病是，乙職位的舊任人選仍留在公司，便抱著「出錯就問」的態度，這是十分要不得的，這也不是一個成熟員工應該要有的個性。由接到任命即日開始，你該向老闆查問清楚你將負有的任命權限，因為同一個職位，有時老闆會委以不同的人不同的工作。

不必理會上一任的做事作風和程序，只要記取你可以如何去有效地完成工作，所以重新計劃是必須的。當然，有關實際的數據和公司方面的一向政策，你亦必須清楚瞭解，最好是預先翻查各項有關資料，以便一上任就得心應手。

比別人更出色

有的辦公室成員認為：面臨升職的機會，首先是要有空閒，把一切事放下，一心一意專門攻升職一事；然後要善於吹牛，藉以抬高自己的身價；對主管要善於奉承，勤於捧場；最後一招當是送禮。的確，在社會風氣不良的情況下，此招是不少人升職的途徑。但隨著社會競爭的加劇，領導者在決定提拔某人時更會考慮對方的實際工作能力。以下的例子就很典型。

有一個自以為是全才的年輕人，畢業以後屢次碰壁，一直找不到理想的工作，他覺得自己懷才不遇，對社會感到非常失望。多次的碰壁，讓他傷心而絕望，他感到沒有伯樂來賞識他這匹「千里馬」。痛苦絕望之下，有一天，他來到大海邊，打算就此結束自己的生命。在他正要自殺的時候，正好有一位老人從附近走過，看見了他，並且救了他。老人問他為什麼要走絕路，他說自己得不到別人和社會的承認，沒有人欣賞並且重用他……。

老人從腳下的沙灘上撿起一粒沙子，讓年輕人看了看，然後就隨便地扔在了地上，對年輕人說：「請你把我剛才扔在地上的那粒沙子撿起來。」

「這根本不可能！」年輕人說。老人沒有說話，從自己的口袋裡掏出一顆晶瑩剔透的珍珠，也是隨便地扔在了地上，然後對年輕人說：「你能把這顆珍珠撿起來嗎？」

「當然可以！」「那你就應該明白是為什麼了吧？你應該知道，現在你自己還不是一顆珍珠，所以你不能苛求別人立即承認你。如果要別人承認，那你就要想辦法使自己成為一顆珍珠才行。」年輕人蹙眉低首，一時無語。

有的時候，你必須知道自己是普通的沙粒，而不是價值連城的珍珠。你要卓爾不群，你要有鶴立雞群的資本才行。所以忍受不了打擊和挫折，承受不住忽視和平淡，就很難達到輝煌。若要自己卓然出眾，那就要努力使自己成為一顆珍珠。辦公室是藏龍臥虎之地，很多時候，只有在競爭時才能發現對手是如此地出色，所以，只有比別人更出色才會有機會。

「熱身」

俗話說：「凡事豫則立，不豫則廢。」在爭取升遷的道路上，有時最大的障礙不是虎視眈眈的競爭者，也不是嫉賢妒能的昏庸上司，而是你沒有為機遇做好「熱身」。如何為機遇做準備，並不是一件困難的事，首先你要使自己符合要求：

一、健康狀況良好

「身體是革命的本錢」，當然，身體也是你獲得晉升的本錢，這一點無須再做進一步的說明。儘管你有很好的才華，但是如果體質弱的話，上司是不願把重任交托給你的，因為他會懷疑你的身體承受不住這樣的負擔，反而會誤了大事。充足的睡眠、適當的運動和均衡的營養，是三大保健要素，缺一不可。力不從心是最悲哀的。因此，為機會來臨所做的第一項準備，就是保持健康的體魄。

二、人際關係良好

人們常說的一句話是：「感情是互動的。」有些人只選擇有影響力的人做朋友，而看不起職位卑微的人，這是晉升的大忌。在現代社會中，人與人在人格和尊嚴上是平等的，沒有什麼高低貴賤之分，假如「狗眼看人低」的話，就會自食苦果，這種人不會有好的機會，人們根本不會意與他交往。因而，不要人為地製造一些升遷的障礙，記住：人際關係不好的人是無法得到升遷的。建立良好人際關係的祕訣有四個字：主動、熱誠。雖然你不一定要做到「愛你的敵人」，但是，在最低限度上，你也不要抨擊他。這樣做，實際上對你本人的好處更大，因為可以讓他疏於防範。為自己考慮，你也不要使更多的人對你戒備森嚴、虎視眈眈。

三、具有克制力

在職場生涯中，你必然會遇到許多看不順眼的事，同時，也會遇到不少利益的誘惑，從而不小心做出過於激烈的反應和悖理的行為。這種行為有可能直接影響你的事業和前途。因而，你必須具有克制自己的能力，免得一敗塗地。舉一個簡單的例子。比如挪用公款，這是非常嚴重的辦公室罪行。無論所挪款項的金額是多或是少，性質都是一樣的，其行為必然被判斷為不可再信任。有了這種印象後，上司永遠都不會晉升你。然而，一般而言，年輕人缺乏克制力，在看到大量的鈔票每天在自己手中出入時，是極容易做出犯法的事的。由此，「一失足成千古恨，再回首已百年身」，若想挽回殘局，比登天都難。

四、尋找問題

無風無浪、沒有挑戰性的工作，做起來儘管很輕鬆順利，但卻不能顯示你具有更佳的潛力。商業社會是「攻」的世界，只重「守」的人是不能達到更遠大的目標的，也無法脫穎而出。因而，假如你所從事的是一份稀鬆平常的工作，就應當在平淡的工作之中不斷尋找出新問題，使上司能注意到你的進取精神。

其次，除了自身條件外，在其它方面：

一、讓主管依賴你多花些時間搜集工作的資訊，遵守公司的規則，多找些機會與主管接觸。久而久之，主管已經習慣於依賴你的工作，你就奏響了獲得晉升的前奏。

二、發揮各方面的才能別僅專注於一項工作的專長。否則，主管為了怕找不到合適人選替代你的位置，就不會考慮到有關你的升遷問題。雖然專心投入一項工作是獲得主管賞識的主要條件，但除了做好本身的工作外，也要讓他知道，你具有各個方面的才能。在其它同事放長假時，你可以主動提出替同事處理事情。這樣做，一則可以從中學到更多的東西，二則證明你對公司有歸屬感。

三、與主管建立友誼這是不容易做到的。特別是異性之間，太過親密反而會使同事產生誤會，從而對前途有害。不過，你不要奢望主管會對你付出真正的友誼，他只是需要感到你的友善罷了。然而，能夠達到這一目的，也就足夠了。

四、瞭解公司的制度先瞭解公司的晉升制度，才能有明確的為之奮鬥的目標。一般而言，公司的晉升制度有以下幾種：第一種：選舉晉升。以一些特定的人中共同選出某人的晉升，人事關係的因素較大。第二種：學歷晉升。主管深信，學歷高的職員會為公司帶來更大的利益。第三種：交叉晉升。是指由一個部門升級到另一個部門。第四種：超越晉升。是指對貢獻大的人，獲得較大幅度的提升。以上所列，是大多數公司中的晉升制度。

因此，積極進取和自信的人，應選擇可以超越晉升和交叉晉升的公司，個人的發展前途也比較光明；在一個理想的環境之下，遇到公司有高職位的空缺，如果你對這個職位有興趣的話，可以參考下列程序進行作業，這對你獲得晉升會大有裨益。所謂知己知彼，百戰百勝。雖然瞭解別人並不一定必勝，但是最低限度，你能由此知道，需要擁有什麼條件才能獲得晉升，從而為了一次晉升機會做好準備，打下基礎。不妨讓主管知道，你對該職位有興趣，而且提出具體的論據，證明你有足夠的資格勝任那個職位，對公司做出更大貢獻。

這似乎有點令人難為情。實際上，不少主管為了選擇合適人選大傷腦筋，而你這樣做是在替他解決難題。正如毛遂自薦那樣，也需要具備一定的自我推銷能力；中國人的過分含蓄和謙虛，在現代社會是吃不開的，往往會成為前途的絆腳石。在平時要多為公司做出貢獻，而不是考慮在晉升後能得到什麼報酬，這一點很重要。主管最擔心和討厭那種一味追求個人私利的人，他們覺得這種人過於自我鑽營，實際上也是華而不實，沒有多少能力。假如把這種人提升到較高職位的話，只會給公司帶來不利影響。因此，你應該讓主管感到你並不是那種單純追名逐利的自私之輩，而是有很強的事業心和責任感。讓他覺得你之所以想得到較高職位，是為公司的前途和利益著想，是為了達成自己的事業心。

儘管晉升的人選最終落在了別的同事身上，你也不要因此沮喪和不合作。你的每一個表現，都看在別人的眼中。因此，你要表現出大將風度，不以一城一池之得失而或喜或悲，應把眼光放長遠些，為下一個晉升機會的來臨做好萬全的準備。

你的籌碼是什麼？

眾所週知，在辦公室中「爬」得快、「登」得高的成員，都是些在上司和同事中具有較高聲望的人，這就是辦公室兵法中以勢取勝的原則。如何樹立自己的聲望？你不妨從以下五個方面著手：

一、以德取威

這個「德」既含有政治品格，也含有道德品質。除了要有堅定的政治信念、正確的政治方向、鮮明的政治立場、敏銳的政治眼光外，還要堅持原則，秉公執政，辦事公道，賞罰分明，不做「爛好人」；嚴於律己，以身作則，言行一致，表裡如一；清正廉潔，不以權謀私；不玩弄權術，不瞞上壓下；道德高尚，品性正直等等。如果領導者能在這些基本方面做出表率，就會成為下屬的楷模，比任何東西都有說服力和影響力。一個品德高尚、大公無私的領導者，肯定會得到尊敬佩服，威望也會越來越高。

二、以學識取威

一個領導者，必須具有一定的知識素養，在知識化、專業化方面達到較高的水準，成為本部門本專業的行家，才能享有較高的威信。一個領導者如果沒有足夠的知識和較高的業務水準，甚至不學無術，還在有專長的下屬面前指手畫腳，很難設想會有什麼人信服他。

三、以才取威

這裡的「才」，不是指科學家、藝術家的那種「才」，而是指領導者的管理才幹、管理能力。它集中體現在分析問題和處理問題的能力上，如預見能力、決策能力、組織能力、指揮能力、協調能力、創新能力、交際能力以及寫作能力、演講能力等。一個才華橫溢的領導者可以使人產生一種信賴感和安全感，即使在非常困難和極端危急的情況下，被管理的廣大職員也會同心同德地跟著他去戰勝困難。這方面的能力，是透過領導者的一言一行、一舉一動表現出來的。所以，誰要想贏得威信，誰就必須刻苦鍛煉，在增長才能上下工夫。

四、以信取威

信即信用。古人云，「言必信，行必果。」「言必信」，就是說話一定要講信用，不食言，不說空話、大話。具體說有四：說話一定要承擔責任，說了就要算數，信守諾言。對做不到的事情，絕不要許諾；既已許諾，就一定要兌現。對比較有把握的事情，也不要打包票，而應留有餘地，以防萬一。對下級、同級要誠實、坦率，一是一，二是二，不當面一套、背後一套。「行必果」，就是行動一定要堅毅果斷，善始善終，不能說了不算，定了不辦，虎頭蛇尾，半途而廢。一個主管只有永遠堅持「言必信，行必果」，才能獲得群眾的信任。

五、以情取威

情，就是上下級之間、主管和員工之間朋友式的感情。這種感情是在長期的共事和生活中逐步建立起來的，是上下級之間、主管與員工之間互相瞭解、互相尊重、互相信任、互相體貼的表現。有了這種感情，主管和下級以及員工就能同甘共苦，甚至生死與共。這種上下級之間朋友式的深厚感情主要來自領導者對下級長期的苦心培育和關懷，來自對下級真摯的愛。當然也內含下級對上級、員工對主管的尊敬、信賴和愛戴。擁有了聲望，在與同事的競爭中你就有了制勝的重要籌碼。

光靠勤奮是不夠的

我們可以於辦公室中看到這樣的一類人，他們埋頭苦幹，任勞任怨，可是每逢升職的機會來臨時，卻次次與他們擦肩而過。顯然，不是他們不夠勤奮，升遷絕對不和努力工作成正比，能不能得到上司的心才是關鍵。

珍妮是個能幹的女孩，大學畢業以後換了三個工作，如今在一家出版社當編輯，珍妮經常約朋友喝茶，每次喝茶的時候她的談話主題都是——抱怨。珍妮先在公家機關裡當過祕書，大學剛畢業的她衝勁十足，不管是不是她職責裡的工作，只要有人指派任務給她，她從不拒絕，一律盡力而為。一年下來，她在部門裡得到了好名聲。年中，部門裡有一個升遷的機會，需要從新分來的幾個人裡面挑一個當作培育的對象，私底下，很多人都說這個名額非珍妮莫屬。可是後來挑中的卻是另一個人，聽說，那人是局裡某某人的姪女。大家對這種「舉賢不避親」早就習慣了，可是初生之犢的珍妮心裡卻十分忿忿不平，抱怨的話便多了起來，過了幾個月，珍妮索性辭職了。

所以之後珍妮選擇了外商企業。透過公開招聘的方式進入了公司後，珍妮依然秉持著苦幹做出績效而證明一切，工作賣力，態度認真，業餘還自費進修。在公司裡珍妮很快就得到了認同，香港來的主管也把珍妮引為心腹。那段時間見到珍妮的時候，雖然她的嘴裡有時會抱怨工作的辛苦，但看得出她心裡的充實。

這一階段珍妮加班是常事，儘管工作辛苦，但她卻神采奕奕。兩年以後，珍妮已經升到主管副手的職位，可謂一人之下。不久，香港來的主管將要被召回總公司，言語中暗示他已向上級推薦由珍妮來接替自己的位置。可是，香港公司似乎只相信自己人，從香港派了新人來接替，珍妮依然是副手。新上司來到後還抱怨自己的「離鄉背井」，而珍妮隔著玻璃門卻感覺到了自己前途的終點。

現在，珍妮轉了行業做起了圖書編輯，自己找題目，自己定流程，年終的收入就看一年下來的收成。珍妮笑著說自己像個農民一樣自給自足，不過現在她的抱怨已經沒有什麼焦點，她的表情也沒有了什麼鋒芒，她說，這就是成熟。

人人都想晉升，但是什麼樣的晉升才是真的對你有利的呢？如果你確定了晉升的目標，你知道獲得晉升的具體方法嗎？如果你的心目中已經有了明確的答案，那麼你就等於擁有了通往晉升的捷徑。

一、不要走晉升的彎路

漢克是一家廣告公司的企劃人員，要說工作技能，他絲毫不比其它同事差，在有些方面還是很有創意的。但是漢克和同事的人際關係一直相處得不好，公司裡的同事都認為他心高氣傲，都不怎麼理他，長此以往，他很難和同事合作並耽誤了工作，造成上司對他的工作能力產生了懷疑，由此他萌生了跳槽的念頭。在他人的介紹下，他前往另一家公司做財務，薪資比原來多出許多。

可是，他覺得財務工作很枯燥，不能發揮自己的專長，於是又想跳槽再回廣告行業做企劃，然而事情絕非他想像的如此簡單，他至今仍徘徊於職場遲遲沒有找到能令自己發揮所長的工作。漢克思維活躍，喜歡表達自我，很適合從事廣告業企劃的工作，然而他卻因為人際關係沒有處理好的原因跳槽做了跟企劃毫不相關的財務，雖然從表面看，薪水是提高了，職位暫時得到了提升，但是這與適合他的長遠職業目標是不相匹配的，是走了晉升的彎路。其實，他應該首先明確自己適合做什麼，將來的發展目標是什麼，並努力縮短和目標之間的差距，比如設法協調和團隊的關係，這才是提高職業競爭力並獲得晉升的快速通道。

二、切中晉升要害

凱莉大學一畢業就在一家外商公司做人事助理，工作出色，她主動承擔了招聘新人的工作，逐步可以獨當一面地完成上司委派的各項工作，經常受到上司的誇獎。但是，從和上司的溝通中，她也瞭解到上司覺得她在理論上還需要提升。於是，聰明的凱莉立即心領神會，完成上司交代的工作的同時，還在業餘時間裡參加了人力資源管理的培訓班，在不影響本身工作的前提下，認真學習這方面的知識，幾乎每堂課都能準時參加，每堂課都能夠仔細地做筆記，還經常就疑難的地方請教培訓班教授，並在工作中靈活地運用所學的知識。終於功夫不負有心人，最近凱莉升為人事專員，讓周圍的同事羨慕不已。

凱莉的晉升成功很能說明一個問題，晉升不是不可能，關鍵看你懂不懂得方法，能不能切中晉升的要害。作為人事助理的凱莉，職位上升空間很大。她能出色地完成上司交給的本員工作，這為職業晉升打下了堅實的基礎。因為如果不能很好地完成本員工作，是不可能在企業中生存下去的，又何談發展？在這個基礎上，凱莉抽出寶貴的業餘時間來參加和職業發展密切相關的培訓，並能很好地消化所學的知識，做到學為所用，實際上無形中縮短了她的晉升之路。豐富的工作經驗，優秀的業務技能，再加上相關的資質提升，決定了她的晉升必將成功。

三、讓今日成金

艾咪大專畢業來到一家企業做財務助理，工作勤奮，準時準確完成各項工作。在工作當中，艾咪覺得自己很喜歡財務工作，並逐漸感到自己的發展受到學歷不高的限制，於是，她決定去進修。同時，有朋友推薦她去做銷售，而且待遇很好，雖然她也為之心動過，但還是拿不定主意，於是她來尋求職業顧問的說明。透過職業顧問的說明，堅定了艾咪在財務這條路上繼續發展的理想，並以更大的熱情和精力投入到工作當中。一年後，她晉升為財務經理。艾咪的興趣、專業、經歷都決定了財務專業最適合她，也是最能讓她取得職業成功的職業。她只要根據目標職位的要求，不斷豐富自己的工作經驗，提高專業技能，並注意和上司的溝通和不斷完善自己的綜合素質，就能獲得晉升的機會。更為重要的是，今天的晉升成功將為將來更大的成功打下堅實的基礎，滿足了職場生涯可持續發展的要求。

俗話說：「戰略上出現問題，戰術越卓越就離成功越遠。」每個人若想要跨入晉升的快速通道，首先必須給自己的職業定位，從而避免走晉升的彎路。在確定了晉升的方向後，要切中晉升的要害，找到自身和目標的差距，並找到縮短差距的具體方法去努力實施。從短期看，這是獲得晉升的有效方法，從長遠看，更是提升職業含金量和獲得職業成功的關鍵。

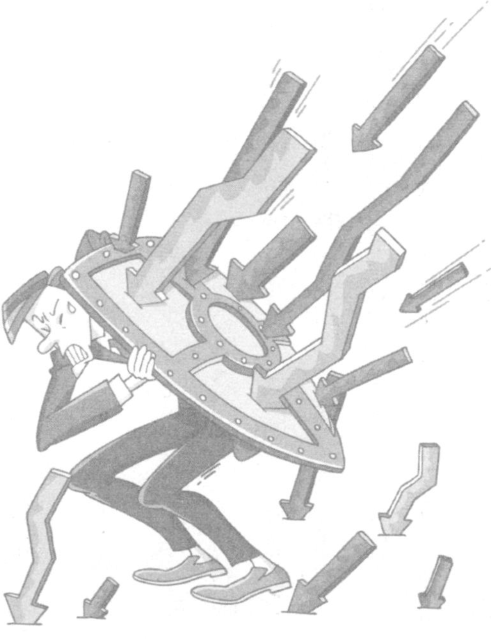

讓上司對你提出期望值

作為辦公室的一員，你在上司的眼中有多少分量？無數前歷証明：你的分量越重，晉升的機會就越大。如果上司對你提出期望值，就證明你值得栽培，如果上司漠視你的存在，那你自然也與升職無緣。有一位剛剛畢業的研究生，分到了一個研究火箭的機構工作。正好，中國接了一個新科學研發的專案：讓衛星升起旋後再脱離火箭。這個專案很棘手，中國以前從未用過這種方式，外國倒是有用過，但失敗連連……。論證會上，有位老專家提出了一個可行性方案，但如何才能滿足入軌精度，卻有待進一步論證，整個會場陷入了沉默，此時，坐在後排旁聽的他說了一句：「可以用電腦精準的計算一下。」整個會議室的目光一下子集中在了他身上，主持會議的上司當即問他：「你來做行不行？」就這樣，本來只在地面做點「鎖螺絲釘」工作的小輩一下子挑起了大樑。一年多後，按照他研製的方案，衛星發射成功。又過了一年，他作為副總指揮擔任了令中國人揚眉吐氣的「神舟」號試驗太空梭的發射工作，他就是中國太空科技集團副總經理張慶偉。有人問他當初若不主動攬下不屬於他分內的工作，現在如何？肯定不會這樣，可能開會時還在旁聽呢！勇於承擔額外的責任，才能獲得額外的成功。我們知道，主管的主要職責便是用人。一個具有豐富知人用人經驗的主管，能夠較為準確地透過一個人的基本素質和日常工作表現，判斷其發展潛力的大小，並予以客觀的期待與激勵。

這對一個人的成長進步是必不可少的加速劑。一個諾貝爾物理學獎獲得者曾說過這樣一個他親身經歷的故事：「中學時代社會風氣不好，學生不求上進。為此，一位老師從三百名學生中挑選出六十人組成「榮譽班」，並告訴這個班的學生，他們都是因為具有發展前途才被挑選出來的。這些學生很高興，對自己的前途充滿了信心。很快，奇蹟出現了，這個班的學習成績直線上升，其它方面的表現也很優越。若干年後，這個班的大多數學生在各自的領域裡取得了可喜的成就。後來這個物理學家又見到他的這位老師，才知道原來那六十位同學都是老師隨意抽籤決定的。」由此可見，瞭解上級對自己的期待、看上級是否重視自己，是非常重要的。

有的上級可能會明確告訴你他很看重你，並告知他對你的期望目標；而有的上級可能就比較含蓄謹慎，只是暗示你說：「好好做，會有前途的」、「好好做，我是不會埋沒人才的」、「我不會虧待你的」等類似的話語。

不管採用什麼樣的方式，只要上級對你形成某種期待，只要他確實很器重你，他就會為你創造相應的機會和條件，說明並推動你的成長進步。瞭解這些，你跟上級相處起來就會更容易一些，你按照上級對你的期望提出要求，也會較容易地得到滿足。一旦上級對你寄予厚望，你就有了施展才能的用武之地，就可以為自己的前途好好的做規劃。

克服升職路上的阻力

在謀取升遷的路途中，各種原因都有可能成為你前進的障礙。首先，審視你自己，是否具有以下五個方面的毛病：

一、樂於在辦公室剖析自己你自我感覺相當良好，對於自身存在的不足經常掛在嘴邊，以此來表明你有足夠的自知之明，勇於剖析自己。但是，這種「看我有多糟」的姿態會使上司認定你是個「永遠有待完善的人」，而一再地推遲了晉升你的計劃。

二、天生「反對派」在活躍的工作氛圍中，上司總希望有人對他提出的方案發表意見，如果不時出現反對意見也有氣量照單全收。但是，如果你是天生「反對派」，喜歡給大家澎湃的熱情潑冷水。那麼，就算情緒管理再好的上司也會把你歸為另類而打入冷宮。所以，一定要設法加以改變，學會強迫自己保持沉默。

三、只工作不合作你能力出眾，又肯埋頭苦幹，工作的品質和效率均出類拔萃。但是你不願與同事交流，一旦與他人合作，你就顯得閉塞、冷漠。你寧肯一頭埋沒於專業之中，而不願與同事有密切交流。顯然你的業績遙遙領先，但是有一技之長卻不能把你帶到事業的頂峰，至多為你贏得一個技術權威的頭銜，至於管理職務上的攀升，恐怕與你無緣。

四、過分推銷自己懂得證明自己價值的你固然勇氣可嘉，但是如果你推銷自己的慾望常常一觸即發，那麼取得的效果肯定適得其反。在與你相處一段時間以後，上司、同事很可能把自吹自擂認作是你的頭號本領，反而忽視你的其它長處。實質上，自吹自擂總給人底氣不足，用吹噓來裝聲勢的印象。考查你時，大家多半把你的能力打個對折。而且，在任何場合都過分突出自己的人，必然忽略了他人的感受，往往給人不尊重他人的壞印象。這種品格，極難獲得好口碑。

五、出勤率低「我常缺勤，但我有才能！」不要妄想用這樣的言語打動老闆，要知道，缺勤請假也是升職加薪的攔路虎。切忌不可做一個先斬後奏的自由主義者。請假對上班族而言，是常有的事情。請假按規定應於事前向部門主管報批，待獲得容許後，你才能離開工作職位。請假的方式和頻率，往往也成為公司評價你的重要依據。

公司將以此評定一個人的工作態度，進而直接影響到你的考核成績。兩強相遇，取出勤率高者。當上司在評價兩個實力相當的員工，以及決定給他們獎賞時，有很多指標都是模糊的，最後你們的出勤時數就有可能作為參考衡量的指標之一。在此情形下，諸如責任心、合作精神、創造性等等反而會讓位處於次要的地位。模糊不清，取其可衡量者。

此外，就上司而言，在評定員工的同時，上司本身的能力會成為質疑的對象，而如果心存成見而又識人不足，誠然難讓人心悅誠服；此時，若能就員工出勤程度作為具體、可信的依據標準，當然能杜絕芸芸眾口，給人較為公平的印象。一般而言，在現今的就業體制之下往往都把「出勤率」作為重要的評價標準。因為分工制度的實行，個人應該分擔的責任相對地減少，相形之下，出勤的程度自然突顯成為評定考績的重要標準。由此可見，員工對於休假所持態度，對於個人的升職和對公司的整體發展有著極其重大的影響。這種現象和趨勢，對於基層人員及低階主管以下人員，影響力更大。無論如何，不可肆無忌憚地想請假就請假，也要多為他人設想。當心留下不良的記錄，影響自己的業績考核。

其次，爭取新職位的同時，你是否忽視了身邊的雷區：

一、嫉妒的同事有些人天生見不得人好，看人有點表現，便想扯後腿。他不斷地擾亂、攻擊你的人格及工作，弄得你雞犬不寧。

二、搗蛋鬼或異己分子這種人不在乎升遷、加薪，經常大過不犯，麻煩不斷，喜歡小毛病或者出情況讓大家手忙腳亂，而他卻躲在暗中竊笑，因為這是他單調工作中唯一的樂趣，但對你卻是頭痛萬分。

三、有意製造障礙的人比如，他們會積壓公文、控制資料與研究結果，或者在你迫切需要說明時袖手旁觀甚至幸災樂禍，這些人表現上沒什麼跡象，甚至跟你關係還不錯，但到了關鍵時刻卻會要小手段，因此不可不防。

四、對你心存報復的人不論是對手，或是曾被你指責者，他們可能高升，可能影響最高當局對你的看法，可能使你不利，此時，率先採取防範攻勢在所難免。

五、準備跳槽，在另謀高就之前常常製造事端這種人有點像定時炸彈，平時沒什麼，一旦爆炸危害也是不小。在辦公室升遷路上障礙很多，你既要克服自身的壞習慣，又要協調好與各種類型同事的關係，才能順利升職。

找到讓你升遷的理由

想在辦公室中出人頭地，就得讓上司重視你，想謀取更高的職位，就得幫上司找出提拔你的理由。古人云：「良禽擇木而棲，良臣擇主而事。」只有跟隨有能力、有前途的上級主管工作，你才能更有前途。

一、你與上級主管的關係是否良好當代社會生活中，許多員工的前程都取決於他們能不能得到主管的賞識。無論你在哪個部門工作，你成功的關鍵就是讓上司知道你，並且你要更加精明、圓融。

二、你公司裡的上級主管是否賞識你在這方面處置得當的下屬總是設法表現出自己很稱職，設法讓別人看到自己做的事情，爭取得到一個工作做得好的名聲。上司往往把這樣的人看作是嶄露頭角的優秀新人和公司裡的能人。

三、你在公司是否參加了一些重要專案與加核心專案，表明你已踏上步步高升之途。特別是因為你參加了這類專案，會使你有機會和上司打交道，並證明自己的能力。若你未能參加這類專案，則表明你該著手考慮另謀出路。你的上司是否宣傳你的成績？不管你是哪一個部門的職員，你的上司可助你成功，也可毀你前程；既可讓你表現得精明能幹，還可以使你看起來很不稱職。一些人未得到提拔，大多是由於他們的上司不給他們發展與表現的機會，不容許他們顯露才華。人世間沒有無緣無故的愛，也沒有無緣無故的恨。你的上司也不會憑白無故地給你升職。上司給哪些人員加薪，給哪些人員升職，或把哪些人員開除，都有他自己的理由和依據。雖然沒有一個固定的程序能夠確保你獲得升職和加薪，但是你要得到升職和加薪，也必須具備一定的條件。

一、毛遂自薦提出要求當你知道某一職位或更高職位出現空缺，且自己能完全勝任這一職位時，保持沉默，絕不是良策，而是要學會爭取，主動出擊，把自己的想法或請求告訴上司，儘量使你如願以償。

二、預先提醒加深印象在正式提出問題之前，應向上司做出些暗示，表明你正在考慮這個問題，這樣就不會在商量的時候發現他毫無準備。如果上司確信給予你提升是出於對大局利益的考慮，那麼，你將會大有希望，要把握好這次機會。若上司有所保留的話，你瞭解了其中的原因後，會發現你選擇了錯誤的職業或這家公司並不適合你。

三、用事實證明成績你的要求一旦遭到拒絕，轉而用辭職來威脅上司的做法往往會引起上司的不滿。即使上司屈服於你的威脅，但你卻失去了他的信任。其實你簡單地寫一份報告給上司，總結一下你的工作，詳盡列出你的成績，就使他能及時瞭解你的業績，並且日後也能查閱。

四、向上司表明提拔你的好處要向上司說明你的提升會使他得到好處，你確實需花些時間做好彙整報告。比如，可以告訴他，你的權力的擴大會使你為他完成更多的工作，可能為公司做些更大的貢獻等等。

五、讓上司知道你並不是為私利而提升因此，你應該讓上司感到，你並不是那種單純追名逐利的自私之輩，而是有很強的事業心和責任感。讓他覺得你之所以想得到較高職位，是為公司的前途和利益著想，是為了達成自己的事業心。

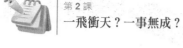

積極爭取機會

在競爭的時代，不主動的人只會被機會所拋棄，通往辦公室金字塔頂的道路上，每一步都是爭奪的戰場，因此，當你瞭解到某一職位或更高職位出現空缺而自己完全有能力勝任這一職位時，保持沉默，絕非良策，而是要學會爭取，主動出擊，把自己的想法或請求告訴上級，往往能使自己如願以償。戰國時期趙國的毛遂、秦王嬴政時的甘羅已為我們提供了最好的證明。特別是上級已經有了指定候選人，而這位候選人在各方面條件都不如你時，本著對自己負責的態度，應該積極主動爭取，過分的謙讓只會斷送你的晉升之路。要取得期望中的成就，就應勇於為自己創造機會，不要相信「機會只有一次」的格言，機會是在不斷出現，問題是它瞬間即逝，就看我們如何去抓住它。你心裡可能會暗自說：「我真的不行，現在都已經很吃力了，怎麼還能承擔新工作呢？」這種想法，對將要承擔新工作的人來說很正常，但只要有勇氣去承擔，很快就能適應新工作。一個好的職員只提建議往往是不夠的，他還有責任以自己的工作成就、技能、才幹和潛力來吸引老闆，只要自己有能力，就應大膽地向老闆毛遂自薦，願意承擔更多的工作和責任。

年輕員工凱恩，要求見老闆商談一個對於他和老闆以及公司三方面都至關重要的問題。他信心十足地對老闆說：「先生，直言不諱，我覺得自己有才華、有能力勝任更多的工作和承擔更大的責任，現在我一切都準備好了。」言簡意賅，直截了當，只用三句話，就恰到好處地強調自己願意承擔更多的工作，這也正是老闆所期待的。

凱恩就是藉由這種毛遂自薦法，一步步升到公司副總裁職位，現在又有了自己的公司。下級向上級提出請求時應講究方式，不能簡單化。宜明則明，宜暗則暗，宜迂則迂，這要根據你上級的性格、你與上級以及同事的關係、你的知名度等因素而定。「明示法」即透過口頭書面形式直接明確地向上級提出自己的請求。

「暗示法」即在與主管溝通（內含談話或報告時）過程中做出某種暗示，如「我要是擔任某職會如何，會比某某更恰當」等；「迂迴法」即由他人轉達自己的請求，而這個人最好是上級的知己。究竟採用哪種方法更有效，則應視情況而定。

一、選擇適當時機

通常，應該在上司情緒好的時候這樣做。如果他的異常愉快是由於你的成績引起的，那就更妙。選擇時機非常重要，把你的要求作為工作日中的第一份報告呈獻給上級往往很難奏效。

二、用事實證明你的成績

與其告訴上司你工作得怎麼努力，不如告訴他你究竟做了些什麼。可以試著用一些具體的數字，尤其是百分比來證明你的實績，同時，要避免用描述性的形容詞或副詞。譬如，不要說：「我與某某公司做成了一筆生意。」而說：「我與某某公司做成了多少金額的生意。」這也就是說，盡可能地讓事實替你說話。把最後一點擴展開去，你也許會發現最好什麼也不說，而是簡單地把寫的報告呈給上司，總結一下你的工作。如果你這麼做，白紙黑字，詳盡成績，就使他能及時瞭解你的成績，而且日後也能查閱，同時，也就用不著去說那些聽起來使人覺得你自吹自擂的話了。

三、向上司指明提拔你的好處

不可否認，這並非那麼容易做的，因為你是申請人，上級則是決策者，而有關你各方面的資料又有限，因而是否滿足你的請求需要考慮。然而，如果更仔細地想想，還可以拿出理由，說明你所期望的提升對於授予者不無裨益。假如要謀求提升，還可以指出權力的擴大會使你為上級完成更多的工作，更有效地處理你手頭上的事情，而如果想得到加薪而別無他求，那麼你告訴他這可以讓別人認識到出色的工作是會得到獎勵的。要使人信服地證明提拔你使他得到好處，你確實需費一些心思，但是努力多半是不會白費的。

四、不要威脅下屬的要求

一旦遭到拒絕，轉而用離職或不辭而別來威脅上級的做法往往會引起上級的不滿。縱然上級屈服於威脅了，上下級關係卻失去了信任，而信任感恢復原狀，即使可能，也是十分艱難的。在這種情況下，從長遠來看，暫時的勝利會變成永久的損失。

另一方面，如果上級有充分的理由拒絕你的要求，你向他保證你會繼續努力和支援他，這對你有很大的好處。這麼做實際上是促使他儘快地改變現狀，這樣，你們兩人之間的關係也會更加親近。

第三課

人際好壞關鍵決定權在你

即便你擁有再高的學歷，再出色的專業技能，
如果你無法獲得周圍人的認同，無法得到他們的支援，
你也將孤掌難鳴，甚至受到別人的抵制。

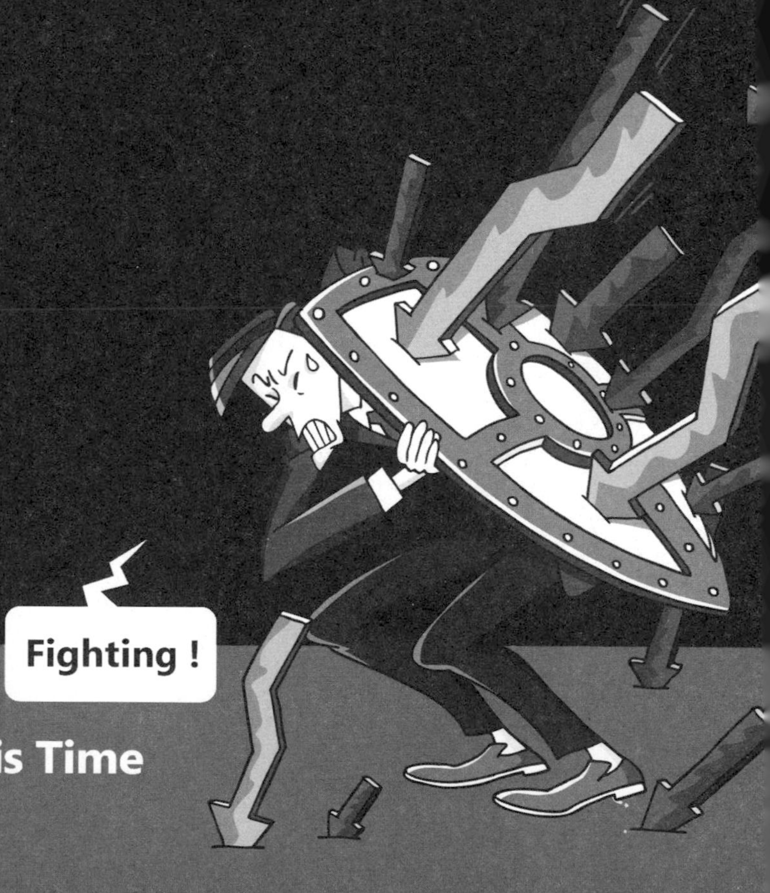

I Will Not
Quit This Time

主動向別人打招呼

當有人主動向你打招呼的時候，你會有什麼樣的感受？或許有人說：「在辦公室中，彼此抬頭不見低頭見，都這麼熟了，還招呼什麼？」其實不然，一聲小小的招呼，能拉近雙方之間的距離，特別是你為了開拓與擴展業務，廣交業務上朋友的時候。

在你為了業務奔波忙碌時，必然會遇見許多與你業務有關的人。這些人，你只知道他的姓名，甚至有的連姓名都不知道，你跟他見面時，也不過說兩三句有關業務的話，甚至於有時你只是跟他點一點頭。例如，你經常到某大廈去接洽事務，經常遇見那個大廈的管理員，或是你到貨倉去提貨，經常遇見那個貨倉的倉管人員，或是你經常到某銀行存款，經常遇見那個櫃台後面的出納員等諸如此類人員，你不知他們的姓名及職稱，但他們或多或少地都與你的業務有點關係，對你仍是有些助益的。

你如何對待這些人呢？你用什麼態度和他們招呼？這是一個很微妙的也是一個很實際的問題。你是把他們當作一個機器配件，根本不把他們當作跟你一樣的人呢，還是神氣活現，大擺你的架子呢？你還是對他謙恭有禮，和藹親切，把他們當作你的朋友呢？有許多人為了謀生而出來工作，待遇很少，工作既辛苦，又單調、繁重，平常已經是受累受氣，心煩意亂，如果你對他們神氣活現，或是不理不睬，他們對你也不會有什麼好感，辦起事來，也只顧他們自己的便利，不顧你的便利與否。

換句話說，如果你的態度不好，那麼就會到處碰到不方便。但是如果你把他們也當作朋友看待，對他們有適當的尊敬與關懷，他們即使不知你的姓名，但一看見你的面容，聽到你的聲調就已經有了好感，這時，他們就像吸進一股清風，精神為之一振。

既然他們對你印象很好，那麼，他們就好像本能一樣，除了自己的方便之外，也會兼顧到你的便利。電梯管理員會多等你幾秒鐘，貨倉的倉管會替你找搬運工人。銀行、保險公司、郵局、物業公司等的職員們，都會在你需要的時候，提供你所需的協助。實際上，如果你到處都能結交許多業務上的朋友，有許多業務可以很迅速順利地辦妥，不但節省許多手續上的麻煩，並可以避免許多不必要的損失。

對於這些業務上的朋友，除了對他們保持禮貌、親切的態度之外，還應該在業務上儘量提出詳盡的說明。也就是我們也要儘量給別人方便。業務上總是有來有往的，別人既然給我們許多方便，我們也應該給別人許多方便，辦起事情來不讓別人久等，不讓別人吃虧。大家都在互助互利的友誼氣氛中，把事情辦妥。

對於關係比較密切業務上的朋友，我們除了業務上的接觸之外，還要安排一些私人間的接觸機會，使雙方在業餘時間可以輕鬆自在地談笑，說不定在談笑之間又可以解決許多業務上的問題。現代社會是一個「人」的社會，所有的活動、交易、成就，都要從人與人的接觸中產生。別人供給你所需，也肯定你的貢獻，甚至你存在的價值，都建築在人們的回應上。所以，你認識的人愈多、公共關係愈好，就愈容易成功！

艾里是一個沒錢沒勢，甚至也無所長才的人，但他卻成為最受歡迎的人物。有錢的人幫他出錢，有勢的人為他效力，有才的人向他獻計，使他獲得了不起的成就。為什麼呢？因為艾里與這三種人都有交情，他把有錢卻急需政治後盾的人，介紹給有勢卻無財力支援者，又將懷才不遇的人，引薦給他們，於是大家都獲得了好處，團結成一股力量。而誰是力量的中心?當然是無錢、無勢又無才的艾里!話再說回來,與眾人結交的能力,何嘗不是一種傑出的才能?人與人相識,除了自然的緣分,更有許多創造的機緣。能夠用創造的方式,儘量多結一分緣的人,才是真正的聰明人,才是容易成功的人。正是因為艾里不願意白白地等待機會,而是掌握了每個小小的契機,把它發揮成大的巧合,才建立起了穩固的人際關係。

在生活中,艾里十分重視創造與人結識的機緣。比如,他剛剛搬到新澤西州的時候,一天傍晚,他看見鄰居的女主人走了出來,便隔著十幾英呎的樹叢向對方望,然後非常自然地找到恰當的時機,抬起頭,露出笑容,喊一聲「嗨!」隨後,艾里便彎身穿過樹叢,到她的後院,開始了寒暄,並聊起天來。他們就這樣認識了,彼此留下電話,約好之後互相幫助,大家有個照應。

那第一聲「嗨」是怎麼產生的呢?艾里認為他們幾乎是同時隔著樹叢向對方打招呼。艾里也相信,他們是一起有心地走向樹叢,為的是與對方結識。這種彼此心裡有所準備,伺機而動,並接觸眼神的功夫是非常重要的。譬如當你參加酒會或聚餐時,必須隨時保持敏銳,回應別人拋來的眼神。你經常可以在電影裡見到,人們能遠隔十幾英呎相互敬酒。

想想，若不是目光敏銳，怎麼可能注意到那麼遠？而那遠遠的會心一笑，不必開口，默默地、高高地舉起酒杯，用眼睛表達一份心意的敬酒，最是令人感動！相反地，當你看到一個朋友，直向他使眼神，甚至叫他名字，對方卻遲鈍而無反應時，那又是多麼懊惱的事！我們每個人，不都曾經歷過這種尷尬的場面，或給予過別人這樣的感覺嗎？當你的朋友狠狠拍你一下，說：「怎麼搞的？我跟你打了半天招呼，你都沒反應？」這也就是因為你不夠敏銳，傷了對方的感覺，使他熱情的「嗨」落入冰水之中。

記住，這世上每個人都可能跟你有緣，也都可能成為你的助力。這種助力常是你成功的保證，是你在困境中的通行證！「嗨」是個最普通的字，相錯而過的車船上，人們可以彼此喊一聲「嗨」便再也不相遇。八竿子打不著的人，可以因為喊一聲「嗨」而從此相識。不要猶豫，不要吝惜，抓住機會，露出笑容，在辦公室裡，主動向同事說一聲：「嗨！」

用幽默拉近彼此間的距離

在辦公室中，有時我們要去應付不合理的要求、令人不悅的行為，要去改變尷尬的氣氛，打破僵持的局面。這時，幽默是最好的武器。

有人想平息餐桌上的爭論，他提了一個十分意外的問題：「諸位，剛才是一道什麼菜？大概是雞！」

「是的。」一位客人回答。「一定是公雞！」這人一本正經地說，「原來是雞在作祟，難怪大家要發起火來。」說完他舉起酒杯：「來點滅火劑吧，諸位！」一場餐桌上的烽火頃刻間就平息了。

有時候為了化解困境，沒有任何合適的方式，只有依靠幽默的力量。當百貨公司大拍賣，購貨的人又推又擠的時候，每個人的脾氣都猶如槍彈上膛，一觸即發。有一位女士憤憤地對結帳小姐說：「幸好我沒打算在你們這兒找『禮貌』，在這根本找不到。」

結帳小姐沉默了一會兒，微笑的說：「妳可不可以讓我看看妳的樣品？」那位女士愣了片刻，立即笑了化解了尷尬。

作家歐希金也曾以幽默擺脫了一個困境。他在《夫人》一書中，寫到了美容產品大王魯賓絲坦女士。後來在一次他自己舉行的家宴中，一位客人不斷地批評他，說他不應該寫這種女人，因為她的祖先燒死了聖女貞德，其它客人都覺得很窘，幾度想改變話題，但是都沒有成功。談話越來越令人受不了，最後歐希金自己說：「好吧，那件事總得有個人來做，現在你差不多也要把我燒死。」這句話馬上使他從窘境中脫身出來，隨後他又加上一句妙語：「作家都是他所塑造人物的奴隸，真是罪該萬死！」每一個有經驗的主管都知道，要使身邊的下屬能夠和自己齊心合作，就有必要將自己的形象人性化。

有一位年輕人新近當上了董事長。上任第一天，他召集公司職員開會，他自我介紹說：「我是約翰，是你們的董事長。」然後打趣道：「我生來就是個主管，因為我是公司前任董事長的兒子。」參加會議的人都笑了，他自己也笑了起來。他以幽默來證明他能以公正的態度來看待自己的地位，並對之具有充滿人情味的理解。實際上他委婉地表示了：正因為如此，我更要跟你們一起好好地做，讓你們改變對我的看法。

有時我們確實需要以有趣並有效的方式來表達人情味，給人們提供某種關懷、情感和溫暖。據說有位大法官，他寓所隔壁有個音樂迷，常常把電唱機的音量放大到使人難以忍受的程度。這位法官無法休息，便拿著一把斧頭，來到鄰居門口，他說：「我來修修你的電唱機。」音樂迷嚇了一跳，急忙表示抱歉。法官說：「該抱歉的是我，你可別到法庭去告我，瞧我把兇器都帶來了。」說完兩人像朋友一樣笑開了。

這位法官並不是想把鄰居的電唱機砸壞。他是恰當地表達了對鄰居的不滿——請注意：是對音響而不是對人——他的行為似乎是對音樂迷說：「我們是朋友，我希望和你好好相處，至於唱機是唱機，可以修理一下。」當然，所謂「修理」只是把唱機的聲音關低些罷了。

某大公司的董事長和國稅局人員有了些衝突，雙方很難心平氣和地坐在一起，可是又必須把他們都請來，參加一個重要的會議。他們不得不來了，但是雙方都視而不見，猶如兩個瞎子。這時會議主持人抓住他們的矛盾，進行了一瞬間的趣味思考。他向人們介紹這位董事長時，說：「下一位演講的先生不用我介紹，但是他的確需要一個好的稅務律師。」聽眾爆發出一陣大笑。董事長和國稅局長官也都笑了。這就是「趣味思考法」——不要正面揭示或回答問題，而是用愉悅的、迂迴的方式揭示或回答問題。

著名足球教練羅克尼，也是個善於進行趣味思考的人。有一次球賽，丹諾的諾特丹足球隊在上半場輸給威斯康辛隊七分。可是他在休息室中一直與隊員們開玩笑，直到要上場進行下半場比賽時，他才大喊：「聽著！」隊員們驚惶失措地望著他，以為他要把每一個人都大罵一通，但是丹諾接下去說：「好吧。年輕人們，走吧。」沒有責備，沒有放馬後炮，也沒有指手畫腳強調下半場如何踢球。丹諾的樂觀、豁達，克服了隊員們心理上的障礙，說明他們忘掉艱難的處境。他的隊在下半場創造了奇蹟，踢出了一連串漂亮的、近乎幽默的球。後來丹諾對採訪他的人說：「不是我贏了，而是我的趣味思考法贏了，因為我知道我們精神上贏了，那麼球也贏了。」

幽默作家比奇，在一篇文章中謙虛地談到他花了十五年時間才發現自己沒有寫作的才能。結果一位讀者來信對他說：「你現在改行還來得及。」比奇回信說：「親愛的，來不及了，我已無法放棄寫作了，因為我太有名了。」這封信後來被刊登在報紙上，人們為之笑了很長時間。事實是比奇的幽默作品聞名遐邇，但他沒有指責那位缺乏幽默感的讀者，他以令人愉悅的、迂迴的方式回答了問題，既保護了讀者可愛的自尊心，也保護了自己的榮譽。

如果你對自己幽默的手法沒有足夠的自信，不妨學學孩子式的幽默。即使在五十歲以後，我們也經常為孩子們由天真而產生的幽默所感動。他們真正以坦誠待人，不會隱瞞任何事實。當他們毫不掩飾地道出心裡想的或事實真相時，人們一下子就喜歡上他們，跟他們在一起會感到跟任何人在一起都無法感到的輕鬆、愉快。

有一次喬治在家裡請幾位朋友吃飯。朋友來了，他妻子要他的小女兒向客人說幾句歡迎的話，她不願意，說：「我不知道要說些什麼話。」這時一位來做客的朋友建議：「妳聽到媽媽說什麼，妳就說什麼好了。」他女兒點點頭，說：「天啊！我為什麼要花錢請客？我們的錢都流到哪兒去了？」喬治的朋友們大笑起來，連他妻子也不好意思地笑了。

這就是孩子式的幽默。他女兒把母親的想法以極純真的方式說了出來，使大人們也不得不認真地檢討一下自己的想法，同時也減輕了我們對金錢方面的憂慮。錢和從中得到了一點東西：孩子式的幽默能使我們顯得格外真誠。

為了取得理想的效果，幽默時要特別注意以下兩點：

一、幽默必須真實而自然

我們經常看到和聽到一些政治家們的幽默言行。他們大多把幽默的力量運用得十分自如，真實而自然。沒有聳人聽聞，也不嘩眾取寵，更不是做戲。這是因為，他們都知道太精於說妙語和笑話，對個人的形象並無幫助。但是有的政治家就不那麼高明，他們搖頭擺腦、手勢又多又複雜。有的人智力平平，卻非要附庸風雅，企圖以成串的笑料和廉價的笑來博得聽眾的歡心。他們硬要把自己塞進別人的肚子裡，不顧別人是不是有這個胃口。結果也許是真的引起了笑，但很可能是笑他形象的滑稽和為人的庸俗。

芝加哥有個人，他一心想得到某俱樂部主席的位置。他在一次對俱樂部成員的演說中，表現過了頭，在不到兩小時的演說中，他至少說了五十則笑話，並配以豐富的表情和確實引人發笑的手勢。聽眾們被逗得哈哈大笑，最後，在他講完最後一則笑話時，有人大叫「再來一個！」這位老兄也真的再來了一個，再次把人逗得瘋狂大笑。但是他並沒有如願的當上俱樂部主席，他的票數是候選人中的倒數第二。當他悶悶不樂地走出俱樂部時，他問那位喊「再來一個！」的聽眾：「你說我比他們差嗎？」

「不，一點也不差，」那人說，「你比他們有趣多了，你可以去當喜劇演員。」

二、敢笑自己的人才有權利開別人的玩笑

海利．福斯第說：「笑的金科玉律是，不論你想笑別人如何，先笑你自己。」笑自己的觀念、遭遇、缺點乃至失誤。有時候還要笑笑自己的狼狽處境。每一個邁入政界的人得有隨時挨人「打」的心理準備，如果缺乏笑自己的回饋功能，那麼他最好還是做自己的本行。

有人對一位公司董事長頗反感，他在一次公司職員聚會上，突然問董事長：「先生，你剛才那麼得意，是不是因為當了公司董事長？」

這位董事長立刻回答說：「是的，我得意是因為我當了董事長。這樣我就可以達成從前的夢想，親一親董事長夫人的芳容。」董事長敏捷地接過對方取笑自己的目標，讓它對準自己，於是他獲得了一片笑聲，連那位發難的人也忍不住笑了。

許多著名人物，特別是演員，都以取笑自己來達到雙方完滿的溝通，他們利用一般認為並不好看的外貌特徵來開自己個玩笑。

如瑪莎蕃伊的「大嘴巴」，還有一位發胖的女演員，拿自己的體態開玩笑說：「我不敢穿上白色泳衣去海邊游泳，我一去，飛過上空的美國空軍一定會大為緊張，以為他們發現了古巴。」人們沒有理由不喜歡這樣的人，如果今後他們拿我們開玩笑

時，我們只能與他們一起哈哈大笑，而沒有半點怨言。

笑自己的長相，或笑自己做得不太漂亮的事情，會使你變得更容易融入人群。如果你碰巧長得英俊或美麗，要感謝祖先的賞賜，同時也不妨讓人輕鬆一下，試著找出自己的缺點。

如果你真的沒有什麼有趣味的缺點，就去虛構一個，缺點通常不難找到。

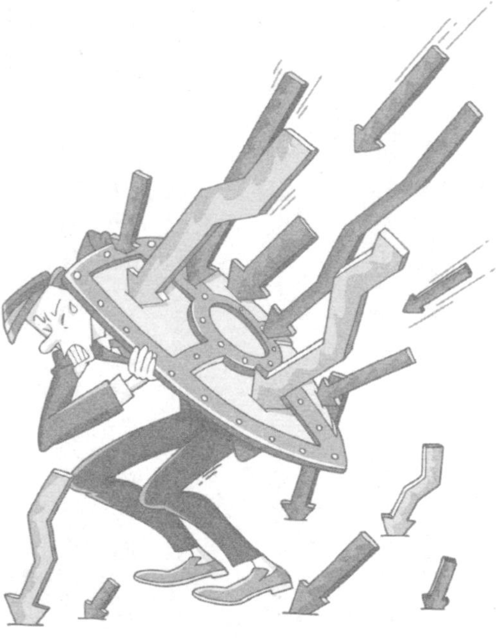

打造良好的辦公室人脈

人際關係是施展辦公室兵法的重要環節，特別是對那些辦公室老手來說，良好的人際關係是升職加薪的必要條件。

至於剛入辦公室的新手，來到這個錯綜複雜的環境中，更應在人際關係上調整好自己的坐標。

一、對上司先尊重後磨合

任何一個上司能做到主管職位上，都有其過人之處，他們豐富的工作經驗和待人處世方法，都是值得我們學習借鑑的，我們應該尊重他們。但不是所有的上司都是完美的。所以在工作中，唯上司是從並無必要，但也應記住，給上司提意見只是本員工作中的一小部分，盡力完善、改進，邁向新的臺階才是最終目的。要讓上司接納你的觀點，應在尊重的氛圍裡，有禮有節、有分寸地磨合。不過，在提出質疑和意見前，一定要拿出詳細的、足以說服對方的資料計劃。

二、對同事多理解慎支援

在辦公室裡上班，與同事相處得久了，彼此都有了一定瞭解。作為同事，我們沒有理由苛求人家為自己盡忠效力。在發生誤解和爭執的時候，一定要換個角度，站在對方的立場上想想，理解一下對方的處境，千萬別情緒化，把別人的隱私抖出。任何背後議論和指桑罵槐，最終都會在貶低對方的過程中破壞自己的形象，而受到旁人的牴觸。同時，對工作要熱情，對同事要慎重地支援。支援意味著接納，而一味的支援只能導致盲從，也會滋生拉幫結派，影響公司決策層對你的信任。

三、對下屬多說明細聆聽

在工作生活方面，只有職位上的差異，於人格上都是平等的。在員工及下屬面前，上司只是一個領頭而已，沒有什麼了不起的榮耀和得意之處。說明下屬，其實是說明自己，因為員工們的積極性發揮得愈好，工作就會完成得愈出色，也讓你自己獲得了更多的尊重，樹立了開明的形象。而聆聽更能體會出下屬的心境和瞭解工作中的情況，為準確回饋訊息、調整管理方式提供詳實的依據。

四、向競爭對手微笑

在我們的工作生活中，處處都有競爭對手。許多人對競爭者四處設防，更有甚者，還會在背後冷不防地「插上一刀，踩上一腳。」這種做法，只會拉大彼此間的隔閡，製造緊張氣氛，對工作無疑是百害無益。其實，在一個團體裡，每個人的工作都很重要。當你超越對手時，無必要蔑視；當對手在你之上時，也不必存心找麻煩。

無論對手如何使你難堪，千萬別跟他較勁，輕輕地露出微笑，先靜下心做好手中的工作吧！說不定他在怨怒時，你已做出業績。露出一笑，既有大度開明的寬容風範，又有一個豁達的好心情，還擔心敗北嗎？說不定對手這時早已在心裡向你投降了。

與同事和諧相處

在一個辦公室裡的同事，在工作問題上意見不同，完全可以直言不諱地進行討論、爭議和協商處理。因為有一整套有關工作的組織制度在制約著雙方，所以，同事之間一般不會因為工作問題上的爭議而相互記恨、彼此隔閡。但是，仍有一些與工作有關聯的瑣碎、具體事情，需要很好地對待和處理，因為這些事情處理得好與不好，直接關係到能否培育良好的人際關係。

一、尋找雙方的共同點

個性是一個人區別於別人的顯著特徵之一，你的個性難免要和他人發生衝突，不管你多麼隨和，總會有人跟你有摩擦。他們散布在辦公室周圍，或許工作上還不得不和他們打交道，你可就麻煩了。仔細觀察，彼此的共同點還是不少的，衝突是為些什麼呢？恐怕是由於辦公室裡，往往會因一些細微爭端，一經引燃後，演變成不共戴天的對立。話說回來，世上本沒有天生的惡人，只不過因為做過壞事而被稱為壞人罷了。就算跟你合不來的人，不可以認定你們對所有事物的觀點都不合。如果只看到別人壞的一面，那著實太可悲，人與人本來就該彼此肯定且欣賞對方的優點。過分苛刻地探討人的異同，你的周圍就會充滿異類。只要你心中尚懷著成見，馬上就會表現在你的言語及態度上。原來，這麼多跟你合不來的人，其實都是自己心理作祟造成的。在辦公室裡，你不和他人合作是行不通的。只要你先切除心中的芥蒂，避免無意義的發言給他人刺激，即使聽到不中聽的語言也別放在心上，只要不讓成見占據你的心，就不會不願跟人合作了。

二、對男同事多關心和理解

許多人往往認為男同事應該豪邁大方，有「男子氣概」，所以一旦遇到男同事焦躁不安、借題發揮的情景，就會感到十分驚訝，並可能認為他是一位心胸狹窄的人，這種想法是錯誤的。因為一個對工作十分努力、殫思竭慮的人，如果沒有達到理想的目標，比如眼看可以簽訂正式合約卻在商談中失敗時，往往會很頹喪，感到懊惱，有些年輕男士遇到這種情況，常會把苦悶、懊惱發洩出來，以求得心理上的平衡。在這種情況下，作為同事的你，一定要表示你的理解和關心，只有這樣做，才會改進和完善同男同事之間的人際關係。

三、對女同事多認同和體貼

女同事在工作上遇到困難時，往往需要別人的體諒和認同。比如一位女同事邊看錶邊嘆息說：「要是不加班的話，今天的工作完不成了。」這時你不妨伸出援助之手，使對方感到有依靠，減輕思想負擔，提高工作效率。這次你伸出援助之手，下次當你碰到困難時，她必定會跑過來幫你的忙。這是一種在工作中的互相協作的精神，應當發揚光大。

四、對同事的錯誤坦誠相告

改進同事之間的人際關係，當然不只有在理解與關心對方等方面做文章，在遇到原則性問題，尤其是察覺同事有犯錯誤的傾向時，一定要坦誠相告，直言不諱地提醒。有的人往往擔心，這樣做會不會撕破情面，造成人際關係惡化呢？猶豫不決，結果帶來不可避免的重大錯誤和損失。所以，不論對方是年長的前輩，還是同齡人，一旦發覺有犯錯誤的傾向時，用不著多做考慮，直截了當地指出來，以期儘快糾正。實際上，說出真心話，是對同事的信任、愛護和關心，不但可以使公司避免重大損失，而且有時可以使同事避免「一失足成千古恨」。

五、把工作放在首位

在工作場所，能被同事們所關心，這恐怕是每一個人的希望。在工作場所中，衡量一個人是否受到周圍人喜歡的標準，並不在於他如何笑容可掬、無事套交情和裝出一副惹人喜歡的模樣，而在於你如何對待工作、工作完成得如何、效率是否高、是否經常有合理的意見和建議、是否經常為公司和周圍的人著想等等。所以，在工作場所，大可不必為了得到周圍人喜歡，而放下手中工作，一味想方設法取悅於人，專事多餘的工作。只有認真工作，奮發努力，積極向上，你才能進一步獲得周圍人的喜歡和尊重。

請求同事做事要有技巧

在現代社會中，辦公室同事關係是人脈的重要組成部分，因為在一起共事，友誼會自然而然地的產生。一個人在家和家人相處的時候和在部門裡與同事相處的時間幾乎差不多，如果在做事時，不會利用同事關係，不但有些事做起來費勁，還容易讓人覺得你沒有人緣。

每一個人在部門中都會有表現自己的慾望，請求同事做事就等於為他提供了一次表現個人能力的機會，即使遇到困難也得做，即使有時擔心主管不滿也得做，以此在同事中維護自己急公好義的形象，同事的事和部門的事一樣，每個人都會感到自己有一份責任和義務。因此，找同事做事不用存有任何顧慮，該開口時就需要開口。那麼，我們該如何運用與同事間的關係做事呢？

一、找同事做事要有誠意

同事之間瞭解的比較多也比較深，如果找同事做事躲躲藏藏，想托人做事又神神祕祕，不把事情講清楚，容易會使同事產生你不信任他的感覺。因此，找同事做事就要先說明究竟要做什麼事，坦言自己為什麼無法做到，為什麼需要請他協助。這樣，精誠所至，同事若能做到的事，一般都不會回絕你。

二、找同事做事要客氣

同事不是朋友，一般而言都沒有太深的交情。因此，找人之前說話一定要客氣，而且要以徵詢的口氣與同事探討，請求他幫忙想出辦法，受到如此的尊重，同事如果覺得事情並不難時，自然會自告奮勇地去做，說出幾句客氣話，省卻許多麻煩。做完事之後，更需要說聲謝謝以表達謝意，切忌不要用金錢或送貴重的禮物，那樣反而容易引起反感，因為同事之間幫忙做點事就接受物質感謝那會讓大家留下壞印象，但可以買些飲料或點心當下午茶，讓同事感到溫馨。

三、找同事做事要有的放矢

一些比較籠統不明的事一般不找同事去做，做一件事之前，要先知道你這位同事的社會關係，以及他是否做起來沒有太大的難度，只有掌握了這些情況，你才能做到張口三分利，也不至於讓同事左右為難。

四、有些事不能找同事做

自己能做的事儘量自己去做，若是凡事都找同事幫忙，會使人感到你沒有能力且更不願意幫忙你，這樣既可能耽誤事，又影響了與同事間的感情。如果同事不能直接做也得「人托人」、費周折的事，不如轉求他人。和同事利益相牴觸的事不能找同事去做，即便這利益涉及的是另一個同事。

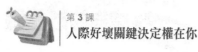

博得好人緣

俗話說：「得人之力者無敵於天下，得人之智者無畏於聖人。」一個人是否有實力不要緊，只要他擁有好人緣，只要他善於借用別人的力量，無論他的起點有多低，他的人生必可達到常人難以想像的高度。做事先做人，既要講究遊戲規則，更要講人情世故。一味講規則，板起面孔公事公辦，或者，一味講利害，扳起指頭精打細算，一定做不好人、辦不好事。

美國哈佛大學教授團曾於一九二四年在芝加哥某廠做「如何提高生產率」的實驗，他們發現，人際關係是提高生產率的關鍵所在，「人際關係」一詞由此而生。後來，人們進一步發現，事業成功、家庭幸福、生活快樂都與人際關係密切相關。影響人生成功的因素中，專業技能只有占十五%，人際溝通能力要占八十五%。好人緣是成功的關鍵。一個人素質再高，如果他只是將本身的能量發揮出來，不過能比常人表現得好一點而已，如果他能集合別人的能量，就可能獲得超凡的成就。要想借人之力，就得有好人緣。正因為如此，有好人緣者在社會上越來越受重視。許多公司在招聘高階管理者時，都會考查他的人際關係，沒有好的人緣，能力再強，也不予錄用。如在人際關係上有超群的能力，有非常好的人緣，其它條件都可放寬。

凡特立伯任紐約市銀行總裁時，他僱用高階職員，首先考查的就是這個人是否具有令人稱道的人緣。舒克是美國摩根銀行的股東兼總經理，年薪高達一百萬美元。其實他以前不過是一個法院的書記，後來做了一家公司的經理。他實在是人際關係的天才，人緣極佳。他之所以能被摩根銀行的董事們相中，一躍而成為全國商業鉅子，登上摩根銀行總經理的寶座，據說是因為摩根銀行的董事們看中了他在企業界的盛名和極佳的人緣。好人緣替舒克帶來的是地位和事業的成功，也替公司帶來的是良好的經營業績。

比斯特是一個小職員，後來任美國電話電報公司的總經理。他常常對人說，他認為人緣是成功的主要因素，人緣在一切事業裡，均極其重要。好人緣為何如此重要呢？其實不難理解：一個人緣不好的人，大小事情只能靠自己去做，能力再強，能做多少事？再說，人是社會中的人，生活、辦事無時無刻不與人交往，沒有良好的人際關係，便不能獲得別人的說明與支援，甚至會處處遇到阻撓，讓他有力無處使。反之，一個善於交往、人緣很好的人，就算他能力平平，但他能處處獲得別人的說明。所以，往往是這樣的人，做起事來如順風行船，很容易達到目的。

現代社會發展如此之快，活到老學到老也有學不到的東西，要想做事，只能借他人之力完成。如何才能獲得別人的認同，最基本的條件就是良好的人際關係——好人緣。如何在辦公室博得好人緣？這裡有學問：

一、把功勞歸於主管

作為主管，他們要保持自己在團體中的權威地位，對功高蓋主的下屬自然會有一種敵意和警惕，這也是從維護自身利益出發所要求的一種安全感，所以，聰明的下屬總是將成績歸功於主管。推讓功勞表明你目中有人，尊重主管，承認上司的權威地位，也顯示了你對他的支援，並且可以避免因鋒芒過露而使上司感到手中的權力受到威脅。你應明白，上司身邊總需要一些忠心耿耿的追隨者和支援者，一旦他把你當自己人看待，那就等於為你以後的發展打下了鋪墊。

二、代主管受過

作為下屬，不只有要善於讓功，還要善於攬過，兩者缺一不可。因為大多數主管願做大事，不願做小事；願做「好人」，而不願充當得罪別人的「壞人」；願領賞，不願受過。在評功論賞時，主管總是喜歡衝在前面；而犯了錯誤或有了過失後，許多主管都會退縮在後面。此時，就需要下屬出面，代主管受過或承擔責任。

三、為上司擋駕護航

主管管轄範圍的事情很多，但並不是每一件事情他都願意做，都願意出面，都願意插手。這就需要下屬在關鍵時刻能夠出面，代主管擺平，甚至出面護駕，替主管分憂解難，這樣必能贏得主管的信任和賞識。

四、合作和分享

多跟別人分享看法，多聽取和接受別人的意見，這樣你才能獲得眾人的接納和支援，才能順利開展工作。

五、微笑

無論清潔阿姨、暑期工讀生或是總經理，無時無刻要向他人展示友善的笑容，必能贏得好感。年輕的同事視你為兄（姐），年長的把你當作弟（妹）看待，如此親和的人際關係必有利事業的發展。

六、善解人意

同事感冒時你體貼地遞上溫開水，路過商場順道給同事買瓶飲料。這些都是舉手之勞，何樂而不為？你對人好，人對你好，在公司才不會陷於孤立無援之境。與每一位同事保持友好的關係，儘量不要被人認定你屬於哪個圈的人，否則會縮小你的人際網絡，對你沒好處。盡可能跟不同的人打交道，不搬弄是非。

七、有原則而不固執

處事靈活，有原則，但卻懂得在適當的時候採納他人的意見。切勿人云亦云，毫無主見，這樣只會給人留下懦弱、辦事能力不足的壞印象。

八、上下左右兼顧

只懂逢迎上司的勢利眼，一定遭眾怒。完全不把同事放在眼裡，苛待同事下屬，無疑是在到處給自己樹敵，對同事也要客氣。這樣你擴大人緣半徑才不會受到阻力。

九、不要太嚴厲

也許你態度嚴厲的目的只為把工作做好，然而在別人眼裡，卻是刻薄的表現。你欣賞對方的才能與品德，你才會信賴他，才會把非常重要的事情託付給他。對方從你的信賴中感受到的讚美，甚至超過你直接的溢美之詞。

營造周邊關係網

一般於辦公室老手都能擁有好人緣。因為人緣好，你認識的人越多，做起事來就越容易。所以，你不只有要與辦公室內的同事弄好關係，還要營造自己的周邊社交網絡，說不定哪個人在關鍵時刻就能伸出援助之手，幫你一把。

精於戀愛之道的人大都懂得這樣一個金言，那就是「普遍撒網，重點捉魚」。此法是提高成功率，增加「總產量」的不二法門。

男人的網是他的社會關係，「撒網」，就是創造、編織社會關係的能力。這在商場上也很適用。

商界金言曰：「一流人才最注重人緣。」又說：「擦肩而過也有前世姻緣。」因此商界中最重人際關係。「一流人才最注重人緣」，其實這句話反過來應該說：「最注重人緣的人，才能成為一流人才。」

確實，人緣是很微妙的東西。我們在世間上的一舉一動，所接觸的大人物或小人物都很可能變成日後成敗的因素。而世間密密麻麻地結著人緣的網，我們每一個人都生活在一個個的網絡之中，攀緣著網絲可以和許多人拉上關係。假如你們能和這麼多人建立良好的人際關係，使他們成為在事業上說明你的朋友，在生意上照顧你的顧客，我相信你的事業一定非常成功。

因此你結的網越多、越堅固，等於你擁有一個無形的巨大的財產。不用說，以此做資本，不管在買賣上或金融上或從政上都將為你開拓一條康莊大道。人際關係亦即人緣，這種東西是自己要創造的，並不會從天上掉下來。如果太客氣、太害羞、太內向，將失去許多和人接觸的機會。還有，有了一點人緣，仍要努力加以擴大，加以活用，使得生意著實地向前發展。

當你在公司上班的時候，只要運用組織力量，擴大運用公司的人際關係就可以使業務進展。公司有公司整體的信用和實力，主管有主管們之間的人際關係，並不需要一般職員的人際關係，公司的業務就可以推展。至於勞動者，更可以說完全不需要他們的人際關係，只要努力做工作便好。這些中階以下的員工，一旦自立開業就變成商店或業務所的代表者、經營者，就需要改掉那種無所謂的、弔兒郎當的習性，建立、運用自己的人際關係，那麼在事業進展的路途上才會有所成長。

公司職員在公司上班等於是在母親懷中的嬰兒，處處在父母的愛護下成長。等到長大成人要自立門戶的時候，就再也不能依賴父母。父母親若能留下一些人際關係讓你運用當然更好，如果沒有，那就得重新創造自己的人際關係才能在社會上生存下去。

一位朋友在坐火車時，和鄰座的一個人聊了起來。這個人過去是律師，後來逐漸厭倦這一行，就辭職自己開辦了一家公司，現在這家公司發展得非常好，他們聊得很投機。到目的地後，他們匆匆交換了名片，朋友順便也要了那個人的家裡的住址和電話。過了幾個月後，朋友所在的公司無預警倒閉，他也就失業了，找工作找了幾個月仍無著落，他非常著急。有一天，他忽然想起了那位在火車上遇到的人，於是就給他打電話，說明了自己的情況，詢問那裡有沒有適合自己的職位。雖然那個人的公司目前不缺人，但是給朋友介紹了另一家公司，讓他去面試，就這樣，他找到了新的工作。由此可見，良好的人際關係會在你意想不到的時候幫上你的大忙。因此，我們一定要努力開拓與擴展自己的人際關係，多結識一些人，在某些特定的時刻，這些人都是你的貴人。

一個真正的人際關係高手，不只有能夠識人、認人、通曉人際關係理論，而且還能活用這些知識，在日常生活中與人和睦相處。同學關係對很多人來說也是非常珍貴的，學校生活是人生中一段美好的時光，不論小學、中學，還是大學，每一段都讓我們回味無窮。工作之後，各個時期的同學散落在各處，在不同的領域拼搏，同學聚會時，那些比我們早成功的人很有可能成為我們事業發展的貴人。鄰居間「低頭不見抬頭見」，多少有一些接觸，因為住得近，處在同樣的生活環境中，難免會發生連絡。你對我好，我自然也對你好，中國人講求禮尚往來，一來二去，關係熟了，也就成了朋友。

俗語說：「遠親不如近鄰」，這種關係更容易取得信任，相處時，不只有可以分享鄰居的親屬關係資源，也可以分享鄰居的朋友資源。透過業務上的交流，使業務關係成為朋友是很常見的事情，製造商和原料供應商，客戶和銀行等都屬於業務關係方面的朋友。

與這些業務人員的關係良好也能增強你在公司中的地位。例如，你與公司的一個大客戶關係很好，那麼在與這個客戶發生業務關係時，公司可能就會讓你參予，這種關係上的朋友，往往是你幫我、我幫你，在各自業務領域中都得到發展與成長。

無論你在哪家公司工作，一定會有一個頂頭上司（除非你自己是老闆），你的大部分工作都是要和主管共事，因此，你和直屬主管的關係愈好，你的機會也就越多，要出人頭地也就越容易。因此，在工作方面，一定要好好地進行交流、磋商，另外，也儘量和他建立一種私人的友好關係。在工作之餘，多向他說一些自己對事情的看法、工作以外的生活等等，讓主管更瞭解你。

還要積極地參加公司舉辦的各種活動，如旅遊、宴會等。在這樣的場合下，你會發現平時極其威嚴的上司現在變得易於接近多了，這時的交流比較容易進行，非常有利於和上司建立良好的人際關係。人生旅途中有兩大考驗，一是找到可以培養長遠關係的對象；二是培養這種關係，使其茁壯成長。

建立關係，培養關係，是邁向成功人生的關鍵。重要的是，你的這份心思要用對人，也就是找到能給你支援和鼓勵的好夥伴，他們樂於見你出人頭地，願意幫你達到夢想，這種人才是你真正的朋友。

杜絕「一次交際」

無論是在辦公室裡還是在現實生活中，總有這樣一種人，他們抱著「有事有人，無事無人」的態度，把朋友、同事當作受傷後的拐杖，復原後就扔掉，此類人是很難有人脈的。

某君便有一個這樣的朋友。「我有一個高中同學，而且是十分要好的朋友。我們進入了同一所大學，剛開學，她就主動地當了班代。有人說：地位高了，人就會變，自從她上任後，見到我，有時乾脆裝作沒看見。日子久了，我們就疏遠了，但她有時也突然向我尋求幫助。出於朋友一場，我總是盡心盡力地盡我所能，但事後，她老毛病又犯了，我有種被利用的感覺，卻無奈於心太軟。就這樣她大事小事都找我，其它朋友勸我放棄這份友情，這種人不值得交。當我下決心與她分開時，她傷心地流下淚，因為她除了我竟沒有一個朋友。」

一個沒有人情味的人，是永遠無法得到成功的，「施恩」這看似簡單實則微妙的人情關係術的。比如說，給人幫助不能過於「挑明」，以免傷人自尊；施恩於人不可一次過多，否則會成為對方的負擔，雙方再難維持關係。這種人只會用「互相利用，互相拋棄，彼此心照不宣」來推擋，而不去深思人情世故的奧祕之處，所以無法達到人情操縱自如的境界。要讓人覺得有人情味，應注意以下幾點：

一、與朋友多相處

人們在一起共事時，大家同舟共濟，共同的命運把彼此聯在了一起，彼此採取合作態度，互相支援、互相幫助、互相關照，是最容易產生感情認同的。特別是困難環境中，彼此相依為命、共渡難關、情誼深厚，可能終生難忘，交情更為牢固。共事時間長固然可以形成深厚的交情，有時相處時間並不長，但只要同心協力，相互支援、彼此關照，能引起對方的好感，同樣可以建立難忘的交情。

有這樣兩個軍人，一個在司令部當參謀，另一個在政治部當幹事，平時並沒有什麼交往。有一次部隊演練，他們兩人作為工作群組成員被分到一個連隊。部隊每天走百里路，行軍路上，他們互通情況，收集資料，一起幫助連隊組織好行軍，為解除戰士行軍的疲勞，還輪流做宣傳鼓動。腳上打了泡，每到一地，互相幫助對方挑水泡，買了好吃的一起分享。就這樣，行程千里，圓滿完成工作，兩個人也結下了深深的交情。二十年後，當了部長的參謀到外地去開會，還專門繞道到某陸軍學院去看戰友。兩人見面，憶起當年一起行軍，分食一顆蘋果，一起追野兔子的情形，不消說多麼高興。由此可見，十天的交情，可以記得一輩子。

二、培養與朋友的共同興趣

以達「趣味相投」的高度有時候因為共同的愛好、興趣，也可能成為彼此交情的關鍵。比如，都愛下棋，在路邊棋場相識，相互成為棋友；都愛垂釣，在湖邊相遇成了釣友等等。這樣共同的東西把彼此召喚到一起，在共同切磋中，便結下了友情。

某軍校外有一條清幽的小路，早晨常有人到這裡跑步鍛煉。一位姓王的教員和一位姓高的教員，每天跑步之後在這裡相遇，然後一起散步，邊走邊聊天，由一般的寒暄到互相瞭解。兩個人都愛好寫作，少不了交流體會看法，彼此雖沒有物質的交往，只是一種訊息和思想觀點的交流，但依然有很強的吸引力，都覺得受益匪淺。時間長了，共同語言越來越多，形成了習慣，無論春夏秋冬，不約而同準時到這裡會合。後來，老王調到北部還經常打電話來問候，保持著密切的連絡。

毋庸置疑，在某些「實用型」人物的眼中，所謂的「人情」便是你送我一包糖，我給你幾塊錢，概不賒欠。這種一次性的交際行為看似瀟脱，實則含有太多的困惑與無奈。誠然，受助者也許在短時間內不願再次開口求助，而實施援助行為的一方其實也沒有必要固守「事不過三」的古訓，當人家確實有困難而無能為力的時候，儘管你已經幫忙過他，儘管他不好向你開口，但作為知情者，你不應無動於衷，而不妨再次主動伸出援助之手。

這種「後繼有人」的交際行為能夠贏得更大的「人情效應」，即使受助者一時無力給人回報，但你的行為風範、你的崇高秉性，已被更多的人所知曉。所以，要想擁有人脈，與人相處切忌抱著「一次性交際」的心態和行為。

第四課

贏得信任

主管也是人，有糊塗的時候，有失誤的時候，
有衝動的時候，也有出醜的時候。
在各種不同的狀態下靈活應對，
使主管能夠保持應有的顏面，
是你在辦公室贏得主管信任的重要籌碼。

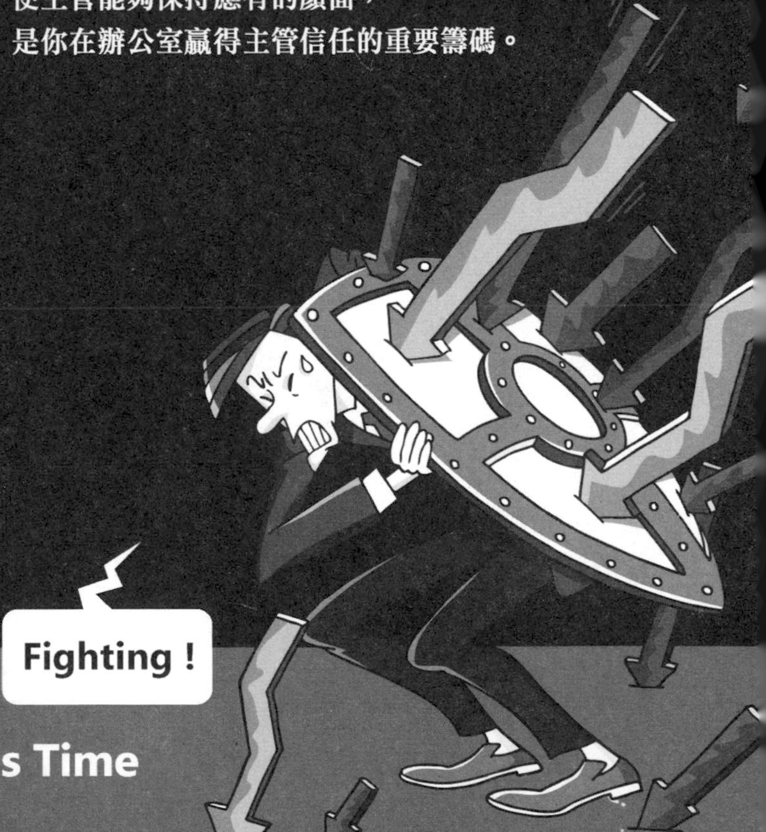

I Will Not
Quit This Time

拉近與上司間的距離

在辦公室中有這樣一種人，他們或許是靦腆、或許是清高，或許是害羞。如果不是向上司交報告，他們絕不會到上司辦公室去坐上一坐，談上五分鐘；召開部門會議時他們總是坐在離上司最遠的地方，既不提建設性意見也不提批評意見，即便上司點名請他發言，他也只有是倉皇結束與上司的四目交接，立即附和別人；甚至，在部門安排年假旅遊時，上司一再聲明要與大家盡情遊樂，彼此放下職位等無形約束，他們仍顯得拘謹或者清高，不想與上司分享任何事物。他們總是與「群眾」在一起，言談之中，他們似乎還非常鄙薄那種親近上司、親近權威的行為。

然而，很不幸，這些在上司的印象中總是「朦朦朧朧說不出好壞」的基層職員，總是缺少申明自己看法、發揮自己才華的機會，他們總是顯得懷才不遇、鬱鬱寡歡。

在議論中，他們會抱怨上司沒有識人的眼力。

其實，老練的人都知道，任何人的觀察範圍都是有限的，上司面對的是一個靜默而複雜的團體，發揮出這個整體的優勢才是他晝夜要考量的。至於識不識人，首先在於任何有才華的人自己是否甘於坐到權威面前去，展示自己不為人知的一面。也就是說，你要給上司一個機會認識你，然後才談得上合理地派遣你到最合適的位置上去。

你要成功，在面對權威時，自己首先要放下那副盛氣凌人的架子。在辦公室裡的生存之道，若你想要拉近與上司的距離，就必須和上司全面地接觸。這就要求你學會利用和創造各種各樣的機會，這些機會相當於「投資」，內含「工作投資」（工作中多彙報、多請示）和「感情投資」（除工作之外的投資），這裡「感情投資」尤為重要。

人不只有是一種理性的生靈，也是一種感性的生靈。它的一個重要特徵就是重視「關係」，也就是感情聯繫。這種「任人唯親」是較普遍的，其中這個「親」就是指諸如祕書、司機、親屬、親信、老同學、老戰友、老部下等與主管感情較深的人，這些人就是上司重用的對象。有人從中總結經驗說：「功夫全在工作外。」與老闆多接觸，坐在老闆身邊的功夫絕非拍馬屁那麼簡單的庸俗，如何才能讓老闆賞識器重的同時，讓同事拍手稱好呢？其中的分寸奧妙需要你智慧頭腦的積極參與。

對於陌生的新環境，我們往往以沉默拘謹應對，遠離同事，尤其是遠離上司，其實這很不利於個性才能的發揮。如果換個角度思維，「坐在老闆身邊又何妨？」如果能經常有意無意地親近老闆，讓他記住你，讓他瞭解你的意見和想法，你才有可能收穫意外的驚喜。親近老闆要講究一些方法和原則，否則，你討好了上司就很可能失去群眾的支援，嚴重的話，可能連老闆也會覺得「人言可畏」而放棄對你的「寵愛」那豈不是得不償失。

剛畢業的凱西和另外七、八個年輕人一同時被一家集團所聘雇。為了表示對這批「新血」的厚望和鼓勵，老闆決定單獨宴請他們。餐廳離公司不遠，新人們三三兩兩結伴而行，唯獨將老闆拋在了一邊。凱西看在眼裡，不禁替老闆覺得尷尬。於是在進入餐廳落座之前，凱西藉故先去了趟洗手間，回來一看，果然不出她所料，同事們或正襟危坐、謹口慎言，或低頭相互私語竊笑，不僅沒人上前主動跟老闆聊天，更將其左右兩邊的座位空了出來。

看見老闆強擠出笑容的樣子，凱西趕緊說：「我建議我們都坐在一起吧！」說完，便很自然地坐在了老闆左邊的座位上，並對老闆投來的讚許目光報以會心一笑。

其實凱西的做法是相當聰明的。因為運用此方法連再尖酸的人也沒道理指責她是在「拍馬屁」。本來這次老闆就是想和新員工多加親近，也說不定還想藉此發掘人才呢！但多數腆木訥的年輕人卻辜負了老闆的美意，把他晾在一邊，他能高興嗎？

其實，其餘的人肯定也想在老闆面前好好表現，但就是礙於顏面，怕別人說是「馬屁精」才退縮的。一個不能主動為自己爭取機會的人，如果被提升，將來管理公司、面對客戶或參加為公司爭取利益的談判時如何能有魄力和手段呢？如果換作你是老闆，你會提拔這樣的人嗎？那次晚宴，凱西讓老闆留下了非常好的印象，但畢竟只是一次飯局，更何況凱西初進公司，還只是個小職員，她實在沒有更多的機會接觸老闆。

俗話說：做事不看東，累死也無功。要是沒有老闆的讚賞和支援，就算拼死拼活地做，要想超越上面層層「屏障」，也實在是太難太慢了。凱西是個肯做也會做事的人，她知道只有自己製造機會才能接近老闆。經過努力，凱西不止一次在電梯裡與老闆「不期而遇」，有備而來的凱西沒有像其它人一樣硬著頭皮和老闆沒話找話，而是笑吟吟地和老闆打著招呼。要是老闆問她最近工作如何，她自然是有條不紊、對答如流，但大多時候老闆都會和她聊一些輕鬆休閒的話題，凱西全都能隨和對答，而且還瞭解了好多老闆的個人愛好，更以此加深了老闆對她的良好印象。

其實，聰明的老闆是願意給員工留下一個和藹可親的印象的，他也希望員工對他親近相隨。但員工們有時可能因為自卑心或恐懼心在作祟，許多人見到老闆都唯恐避之不及，更何況是在幾尺見方的電梯裡呢？殊不知老闆面對一個拘謹無措、憋得臉紅脖子粗的人，也會覺得尷尬無比！所以，你根本不用害怕沒話說，因為一般在這種場合下，老闆為了打消你的顧慮是會和你主動閒話家常的，你只把這當作是一次親近老闆的機會，別戰戰兢兢的就行了。

公司裡人多嘴雜，上面又有層層主管，如何才能讓老闆看到自己的才能和衝勁呢？把自己的工作報告直接呈給老闆也太明顯了，越級彙報容易讓老闆覺得你太張揚、太性急了，要是讓自己的主管知道，就更是造成彼此尷尬。想來想去，凱西寫了一份對公司發展前景的意見報告書給部門經理，經理看後說「很好」，只是有很多建議的實施自己沒那麼大權力做主。凱西藉機說：「其實我們每個人都有一些建議，不如把老闆請來和我們部門座談，這樣不是顯得我們部門的人都有為公司著想、願與公司共同發展的願望和決心嘛！」經理一聽，認為有道理，當即邀請老闆，老闆自然欣然前來。

開會時，出於對凱西建議的肯定，部門經理安排凱西和自己分坐老闆的左右。在會上，凱西又大大地表現了一番，當然是在發言上的慷慨陳詞了。會後，同事們都為能有這樣一次與老闆暢談自己想法的機會感到興奮，部門經理更是得到了老闆的讚揚。其它部門也爭相效仿，誰也沒有歪曲凱西是在搶風頭、拍馬屁。

要想親近老闆，讓他讚賞你，又要上下不露痕跡實在是挺難的，稍微做得過火點就容易被冠上「繁榮馬屁文化」的「美」名。要是那樣，就算老闆提拔了你，其它人的風言風語和口水也會淹沒了你。但凱西呢，她可是把運用了良好的手腕讓老闆看見她的優點！難怪老闆喜歡她，群眾擁護她。基於凱西的出色表現，公司提前結束了她的試用期。成為正式員工的凱西大受鼓舞，她知道這是公司對她的肯定，更是老闆對她的肯定。

她想把自己的喜悅傳達給老闆，以證明自己是個知道感恩的人。經過細心觀察，凱西找到了可以單獨接觸老闆的機會。每天中午，公司裡所有人都要去員工餐廳吃午飯，老闆總是去得很晚，也許是事情多走不開，也許是不願和員工擠在一起「搶飯」，每次老闆到餐廳時已經沒什麼人了。那天中午凱西藉故晚去了餐廳，「正好」碰見老闆：「董事長，沒想到您也在餐廳吃飯啊！」凱西自然達成了心願，單獨和老闆有說有笑了一個中午。原來老闆也是個挺隨和、愛聊天的人。從那以後，凱西每隔一段時間就會「不經意」地和老闆一起吃午飯。為了避免同事說閒話，她有時藉口工作沒完，有時出去辦事晚回來一點，錯過吃飯的高峰期。也許你會覺得凱西太有心機了，或是覺得她頗有智慧，但她的這種做法對自己的職場生涯當然有好處。

老闆也是人，也需要在業餘時間輕鬆一下，那些見到老闆就像老鼠見到貓，總想繞道走的人只會與機會擦肩而過。更何況，凱西也並沒有只想著「巴結」老闆而放棄對本員工作的鑽研，更沒有踩著別人往上爬。

在職場上，像凱西這樣採取「利己不損人」的正當手段為自己爭取機會，實屬明智之舉。與上司接觸，聯絡感情的機會很多，每一種機會都可以加深與上司的感情。當然，多管齊下，全方位投資更為有效，與上司的關係就更容易拉近。在親近上司的過程中，有些細節是必須注意的：

一、不要以一個爭辯者的形象出現

任何明智的上司都歡迎不同意見，但都反對把時間無謂地花在爭辯上。「不要爭辯」被寫入了許多權威的行為準則中，創立企業、用人，都不需要爭辯中的對立情緒。所以，如果你有機會面對面地提出不同意見，須記住不要以「拍案而起」的方式，而要在幽默而尖銳的氛圍中一針見血地提出來，要懂得在這其中維護權威或上司同樣敏感的自尊心，要詼諧而原則地提出反對意見，最好讓上司在笑聲中接受。

二、用工作成績來說話

要重視對上司的「私人關懷」。作為明智的上司，當然歡迎坐到他面前來的員工都是競爭中的強者，但他同樣不希望他們遞上公文夾就走。「高處不勝寒」，一名領導人要承受的壓力和孤獨是無法言喻的，這背後也許含有著諸多動人的「私人故事」。例如，他被迫不能家庭和事業兼顧，他最終成了每月只有一次機會探望兒女的「成功人士」，他最終為事業上的傾注而付出了代價——他的健康狀況堪憂。即使身為老闆的他也找不到能分擔苦惱的人，因為，他已被人們的想像熔鑄成精神上的「鋼鐵戰士」。所以，上司也需要關懷。世事就是這麼奇妙，很多人，是先在私人壓力上安撫了處在強者位置上的上司，然後，他們意外地獲得了成功的機遇。記住：上司也急需來自下屬兼朋友的「私人關懷」。

三、偶爾可以犯些無傷大雅的小錯誤

從本質上而言，誰都不希望有才華的人不露破綻。上司也是如此，如果你在才華之外謹小慎微，滴水不漏，上司也許會懷疑你對他而言是潛在的威脅。這種親近之舉可能反而對沒野心、一心做事業的人沒好處，所以不如在上司面前犯些無傷大雅的小錯誤，藉機展示「本真的你」，而在上司面前取得信賴。

四、私下多和上司接觸

接受來自上司非公務的邀請當然會引發一些議論，甚至，在你被點名去陪患有肩周炎的上司打幾局乒乓球時，整個部門已盛傳你將要被提拔的消息了。但你是否要因此而打退堂鼓，推掉這一個可以全面展示自己的機敏、活力、自信風采的機會呢？事實上，你正可以在這一非公務意義的邀請中展現自己的說服力。不要忘了上司不一定僅會在正式場合中觀察人，在正式場合中，人人都正襟危坐，面目模糊，而在與上司單獨接觸的私人氛圍中，他們各自的目的性和待人處世的態度，就呈現了出來，比如阿諛之人在這種場合會很緊張，琢磨如何的對陣結局是上司最喜歡的；心地磊落之人卻可以放開手腳來打乒乓，這一切，相信都逃不過識人者的眼光。

五、別怕流言蜚語

當然，如果你與上司的關係密切，你就有可能會失去群眾基礎。你與上司關係密切，你被委以重任之後，一些原先的「朋友」會疏遠你。也許是出於嫉妒，也許是出於其他的原因，他們可能會散布對你不利的流言。但最終每個人都是憑自己的能力與才華說服人的，如果你受到提升，而且勝任或勝出那個職位，流言就會雲開霧散。我們不能操縱別人的議論，但我們可以生長自己的智慧之果。面對果實，任何非議都站不住腳。所以，你要成功，先不要畏於人言。只要你不是諂媚之徒，真相最終會還你清白。關鍵是先抓住成功之梯的第一級：讓上級肯定你、認識你。

別擅自替上司做主

如同社會一樣，辦公室裡同樣也是等級分明。上司就是上司，下屬就是下屬，下屬絕不能替上司做主。上司在做決策時，往往是經過深思熟慮的，因此當他做出決策後，很需要別人特別是下屬的認可和尊重。作為一個下屬，如果希望獲得上司的欣賞，學會尊重上司的決定是第一要訣。

不管你職位多高，你都不能忘記一點：你的工作是協助上司完成經營決策，而不是制定決策。因此，上司的決定，即使不盡如你意，甚至和你的意見完全相悖時，你也得低頭順從。

大多數上司都希望自己的下屬充滿活力與衝勁，而不會希望下屬暮氣沉沉。執行上司的決策，並不表示你是一個毫無主見的下屬，也不表示你將失去工作中的活力。

但你應該知道，表現在工作上的活力與衝勁，一定要符合上司的理想與要求。否則上司會認為你不夠成熟，做事不用大腦，自然也不敢把重要的工作交給你。下面這個例子中的下屬就做了一件出力不討好的事情。

「糟了!糟了!」吉姆放下電話，就叫了起來：「那家價格便宜東西的工廠，根本不合規格，還是原來的廠商好。」接著，吉姆狠狠捶了一下桌子：「可是，我怎麼那麼糊塗，竟寫信把他臭罵一頓，還罵他是騙子，這下麻煩了!」

「是啊!」祕書莎莉轉身站起來：「我那時候不是說嗎?要您先冷靜、冷靜，再寫信，但是您就不聽啊!」

「都怪我在氣頭上，想這家廠商過去一定騙了我，要不然別人怎麼那樣便宜。」吉姆來回踱著步子，指了指電話：「把電話告訴我，我親自打過去道歉!」

莎莉一笑，走到吉姆桌前：「不用了!告訴您，那封信我根本沒寄。」

「沒寄?」

「對!」莎莉笑吟吟地說。

「嗯」吉姆坐了下來，如釋重負，停了半晌，又突然抬頭：「但是我當時不是叫妳立刻發出嗎?」

「是啊！但我猜到您會後悔，所以壓下了。」莎莉轉過身，歪著頭笑笑。

「壓了三個禮拜？」

「對！您沒想到吧？」

「我是沒想到。」吉姆低下頭去，翻記事本：「可是，我叫妳發，妳怎麼能壓？那麼最近發往歐洲的那幾封信，妳也壓了？」

「我沒壓。」莎莉臉上更亮麗了：「我知道什麼該發，什麼不該發……。」

「妳做主，還是我做主？」沒想到吉姆居然霍地站起來，沉聲問。

莎莉愣住了，眼眶一下濕了，兩行淚水滾落，顫抖著、哭著喊：「我，我做錯了嗎？」

「妳做錯了！」吉姆斬釘截鐵地說。

莎莉被記了一個小過，是偷偷記的，公司裡沒人知道。但是好心沒好報，一肚子委屈的莎莉，再也不願意伺候這位「是非不分」的主管了。她跑去另一位主管邁可的辦公室訴苦，希望調到邁可的部門。

「不急！不急！」邁可笑笑：「我會處理。」隔兩天，果然做了處理，莎莉一大早就接到一份解僱通知書。

看完這個故事，你會想這是個「不是人」的公司！吉姆不是人，邁可也不是人，明明莎莉救了公司，他們居然非但不感謝，還恩將仇報，對不對？如果說「對」，你就錯了！

正如吉姆說的：「妳做主，還是我做主？」假使一個祕書，可以不聽指令，自作主張地把主管要她立刻發的信，壓下三個禮拜不發，「她」豈不成了經理？如果有這樣的「黑箱作業」，以後交代她做事，誰能放心？再進一步說，自己部門的事，跑去跟別的部門的主管抱怨，這工作的忠誠又在哪裡？如果邁可收留了她，能不跟吉姆「對上」？而且哪位主管不會想：「今天她背著現任主管，來向我告狀，改天她會不會倒戈，又跟別人告我一狀？」所以莎莉不但錯，而且錯大了，她非但錯在不懂人情，更錯在不懂工作職場上的倫理。

他畢竟還是你的老闆，也畢竟還是他做主。出了錯，他最先承擔，要面子，也該由他來賣。此外，你必須知道，主管永遠是向著主管，就算在工作上對立，在立場上也一致。

一個不忠於自己上司的職員，很難得到其他上司的欣賞。當你賣面子，表示自己有辦法，偷偷把自己公司的消息告訴別人，即使他得了好處，也不會尊重你，只可能竊笑說：「這人最沒城府，以後找他下手。」

辦公室是一個團體，作為主管，一定有其管理原則，有他的經營目的。下屬的責任，就是要在這一管理原則下，讓自己的工作做得更好，這樣才能協助上司完成經營目標。如果每個人都認為聽從上司的話，順著上司的意思去工作，就是逢迎、拍馬屁，而只按自己的想法去做，那麼這個辦公室將會成什麼樣子？沒有統一的經營觀念，沒有制度的約束，做什麼事情都是各人隨心所欲，不用想也知道，用不了多長時間這個公司就會垮掉。

下屬要想與上司建立好關係，就必須明確上司與自己的等級之分，千萬別擅自替上司做主，否則，即使對上司有益，他也會懷恨在心。

成為上司眼裡的英才

深通辦公室兵法的老手們都懂得一個道理：「要有業績，更要有人際。」即在工作場合中，與上司建立良好關係並獲得賞識，工作起來會比較順利，即使業績不好，也會受到上司關照。但是卻有人偏認為與上司建立好關係是走旁門左道，只有拿出好的業績才是真本事，這種觀念就大錯特錯了。

曾經連續三年被評為「銷售業績之星」的蘇西近日接到了公司人事部門「不予續簽勞動合約」的通知，問及其中原因，她說：「在公司裡，與主管建立好關係比做什麼工作都重要。」用蘇西的話來說，唯一有資格對你的業績進行綜合評判的是你的頂頭上司，你的銷售額再高，如果與上司處於對峙狀態，上司也會從「團隊建設、是否安心本職」等其它方面挑出毛病，讓你無法安心工作，最終導致銷售業績下滑。

換句話說，如果你不屬於上司的嫡系人馬，又不會討好上司，即使像老黃牛一樣勤懇，你的業績評估也不會好到哪兒去！也許你像愛因斯坦一樣聰明，創意也絕對獨特，為什麼在別人眼中依舊是無足輕重？先不要因此抑鬱，生活往往是可以改變的，試著按以下的要點做，你也會成為上司眼中不可缺少的重量級人才。

一、早到別以為不會有人注意到你的出勤情況

上司可是睜大眼睛在觀察著，如果能早點到辦公室，就顯得你很重視這份工作。

二、不要過於固執工作時時在擴展

不要老是以「這不是我分內的工作」為理由來逃避責任。當額外的工作指派到你頭上時，不妨視之為考驗。

三、苦中求樂

不管你接受的工作多麼艱難，鞠躬盡瘁也要做好，千萬別表現出你做不來或不知從何入手的樣子。

四、立刻動手

接到工作要立刻動手，迅速準確及時完成，反應敏捷給人的印象是用金錢也買不到的。

五、謹言

職務上的機密必須要守口如瓶。

六、亦步亦趨

跟主管上司的時間比你的時間寶貴，不管他臨時指派了什麼工作給你，都比你手頭上的工作來得重要。

七、榮耀歸於上司

讓上司在人前人後永遠光鮮。

八、保持冷靜

面對任何狀況都能處之泰然的人，一開始就取得了優勢。老闆、客戶不只有欽佩那些面對危機聲色不變的人，更欣賞能妥善解決問題的人。

九、別存在太多的希望

千萬別期盼所有的事情都會照你的計劃而行。相反，你得隨時為可能產生的錯誤做準備。

十、決斷力要夠

遇事猶豫不決或過度依賴他人意見的人，是一輩子註定要被打入冷宮的。

保全上司的顏面

俗話說：人要臉，樹要皮。面子代表了一個人的形象和自尊，所以正常人沒有不在乎自己面子的。在辦公室中，良好的形象有利於一個人獲得成功。所以，作為辦公室工作人員更看重自己的面子。

相對於下屬而言，上司一般比較穩重，也累積了相當豐富的經驗，似乎不應該有大意失荊州的事情發生。但上司也是人，也有考慮不周的時候，也會碰見突發事件，所以，上司有時候也會出醜，也就在情理之中了。

當你跟上司一同面對以上情況時，你一定要冷靜積極地處理，盡最大努力避免上司出醜，從而保全他的面子。如果你無動於衷，或者驚慌失措，眼睜睜看著上司顏面不保，你也就別指望在公司裡有好的發展。當上司口誤的時候，你要及時跟上司傳遞訊息，讓上司自我改正。適時的給上司使眼色，提醒上司他剛才發生嚴重口誤了。如果上司跟你心有靈犀，就會從你的眼神裡領會到你要表達的意思，馬上回想剛才說的話，找出錯在哪裡，然後及時改正。上司藉機更正後，就會很感激你，自然想著你的好。

當上司被不敢得罪的大客戶批評時，你要做的就是趕快離開；如果還有不識相的同事還愣在那，你就要找個理由一同把他支開。上司自然會很感激你的做法。在突發事件面前，如果你能挺身而出，避免了上司出醜，甚至是免遭皮肉之苦，那上司自然對你感恩不盡。

桑克是一家飯店的服務員，一天中午他當班時，有幾個人消費完離開飯店不久後又返回來，說他們感到身體不適，懷疑食物有問題，要求賠償，而且非要見經理。櫃台的值班人員請他們拿出證據來，而後跟那幾個人發生爭執。眼看就要動起手來，經理從樓上下來，看見這邊情況就走過去，問怎麼回事。櫃台人員看看經理，又看看那幾個凶神惡煞的顧客，一時不知如何是好。這時，桑克冷冷地對經理說：「這件事與你無關，請走遠點。」那幾個人接著嚷：「讓你們經理出來，不賠償就砸了這家飯店。」經理明白了，立即轉身走開。桑克假裝去找經理，打電話報了警，因為他看出那幾個人是來敲詐的。後來警察介入把事情擺平了。這件事，使桑克給經理留下了良好的印象，不久，就提拔桑克做了飯店的辦公室主任。

丟盡面子，是上司心中永遠的痛。如果你成為上司出醜的見證者，而且本該透過你的努力就能保全上司的面子，那上司對你的袖手旁觀一定會刻骨銘心。隨著時間的消逝，上司可能淡忘了他出醜的事情，但一看見你，可能就會立即勾起他痛苦的回憶，這時上司就可能把他出醜的事全部怪罪到你頭上。在這樣的上司手下工作，你要想獲得加薪和晉升的機會，可謂難於上青天。

麥克被公司炒了魷魚。很多人不理解，因為他的銷售業績一直不錯。他的一個好朋友問他，他才說出了其中的緣由。有一次，麥克陪同上司參加一個新技術產品發表會，在餐廳用餐的時候，有一個人陰沉著臉衝著他們走過來。麥克認出他曾經是公司的競爭對手，因為他在一次商戰中被打敗，而且敗得很慘，使其所在公司蒙受了巨大的損失，他也因此被炒了魷魚。他從此對麥克的上司懷恨在心，從對手變成了敵人。這次忽然在發表會上巧遇，他揚言讓麥克的上司難堪。麥克情不自禁地看了一眼上司，上司很緊張地說：「小心他。」那個人走到上司對面，端著一杯葡萄酒，衝著上司陰險地一笑，突然將葡萄酒向上司的臉潑去。上司沒來得及做出反應，被潑了個正著，紅色的葡萄酒順著臉向下淌，彷彿滿臉鮮血。上司拿起餐桌上的紙巾擦拭的時候，那個人早已經瀟灑地走了。麥克當時愣在那兒，他醒過神來的時候，上司已經轉身離開了餐桌。周圍的人都好奇地望著他們，有的人還竊竊私語。從此，上司就不再給麥克好臉色看，麥克明白，上司恨死他了。上司肯定是這樣想的：我已經提醒你了，你應該擋住那杯酒，或者在對方還沒潑出酒的時候，先把酒潑到對方臉上，至少也不能讓對方那麼瀟灑地離開，讓上司於當時尷尬無比。事情既然已經過去了，麥克想透過努力工作，為公司多創造效益來彌補對上司的歉意，但是上司根本就不領情。在年底的裁員中，他理所當然地被裁掉了。人事部在他的解聘通知書上寫的辭退理由是：「缺乏靈活處理問題的能力。」麥克明白這是上司故意製造的藉口，但也只好走人，因為他明白，在這樣的上司手下做事，永無出頭之日。

在職場中，當你與上司在一起的時候，上司一旦處於出醜的邊緣，你一定要積極應對，而不是做一個冷漠的觀眾。如果不能避免上司丟面子，你也應趕快避開，而不是目擊上司受辱。如果有一絲可能保全上司的面子，就要上前去挽救，即使保全不了上司的面子，上司也會感謝你。如果你在危機面前無動於衷，束手無策，甚至幸災樂禍地看上司的笑話，上司一定不會給你好臉色。

與上司交談時要留意態度

在辦公室裡，如果你跟上司交談時率性而為，只顧著闡述自己的觀點，而不管上司的感受，很容易就把上司得罪了。脾氣暴躁的上司當場就可能給你難堪，城府深的上司即使一時不表現出來，過後就會找個藉口，讓你「生不如死」。

作為下屬，不要隨便打斷上司的談話。無論在正式的場合，還是非正式場合，隨便打斷上司的談話，都會被好面子的上司認為你不尊重他。中國官場有句話「官大半級壓死人」。

上司認為，他的身份地位高，在講話時就應該具有優越性，就不應該被下屬隨便打斷。你隨便打斷他，就是無視他的權威，就是不尊重他，就是不給他面子。初入職場的新人，往往容易犯這個錯誤。

在學校裡時，「民主」的氣氛相對濃厚一些，熏陶得有較強的自我意識。踏入職場，身上「自由」的分子一時消除不乾淨，就忍不住衝動，好表現自己。當上司講錯話時，就挺身而出，打斷上司的講話，指出上司的錯誤，並洋洋自得地給予糾正。或者自己有更先進的觀點和更好的創意，就迫不及待地打斷上司，闡述自己的觀點。小心眼的上司被你這一攪和，自然心中大為不悅，過後會給你秋後算帳，也就在情理之中了。

凱文如履薄冰一般透過了一輪又一輪的考試，終於如願進了一家著名的資訊公司。按照公司規定，新員工要參加為期一週的培訓，主要是瞭解公司文化、熟悉公司規章制度等。第一天，公司職員人力資源部總監親自來授課，點名時一疏忽，將一個人的姓名念錯了。這個人是凱文的同學，姓名比較特別，經常被讀錯，也習以為常了，所以他含糊地應了一聲。總監正想繼續點名，凱文卻笑著說：「錯了，錯了！」總監愣住了。凱文糾正完畢，除了總監，在座的員工都忍不住笑了。總監從此記住了凱文，當然是記恨凱文。指派時，別人都分到了比較重要的職位上，凱文被總監「美言」了幾句，被指派去做公司的網路維護。這樣無足輕重的職位，就算工作一輩子也不會有什麼出色成績。

凱文的專業跟軟體開發相吻合，他也是希望得到這樣的職位，於是就去找老闆，聲明自己應聘的是軟體開發職位，要求調換職位。老闆的答覆是：「對公司而言，公司的每個職位都是非常重要的。」凱文明白這是一個冠冕堂皇的藉口，這時他才隱隱感到自己把人力資源部總監得罪了，讓他抓住了把柄，都是人力資源部總監在背後搞的鬼。

與上司交談時，尤其在正式的場合談論工作上的問題，不要貿然提出與上司不同的意見。因為這容易被上司看成公然挑戰他的權威，更不要堅持己見，據理力爭。唱反調已經引起上司的不悅了，再非要分出個誰是誰非，那無異於火上澆油、雪上加霜。

安德魯是一家公司市調部的統計專員，因為畢業於一所著名大學的企業管理學系，所以喜歡於公眾場合炫耀自己的學識。一次，市調部總監召開行銷人員會議，部署下一階段的行銷工作，安德魯列席參加會議。總監原本讓安德魯參加會議的目的，是讓他瞭解市場工作，沒想到總監宣讀完一份銷售方案後，讓大家發表意見，安德魯卻第一個站出來唱反調。安德魯引經據典，說得頭頭是道，讓大家一下子看到了方案的不可執行性。

其實，總監的意圖是放棄那些業績差沒潛力的市場，因為經過幾年的努力，在這些市場取得的成績與投入的成本是不成正比的，而把主要精力投放到那些有潛力的市場。總監闡述完制訂方案的指導思想後，安德魯又跟總監爭論起來。最後，方案自然以總監擬定的為準。除了安德魯，別人都沒提什麼反對意見，只是說了一些表決心的話，如一定好好執行新方案，力爭做出更大的業績等等。

如此一來更襯托出安德魯的桀驁不馴。過幾天，總監找安德魯談話，讓他到一個業績差的辦事處工作。安德魯曾私下稱去那個地方工作叫「流放」，沒想到自己要被「流放」了。況且，按照新方案，那個辦事處若業績再無法做出績效，很可能要撤掉。為什麼還要派自己去呢？安德魯向總監說出了自己的困惑。總監說：「你有很強的行銷能力，在統計職位上根本發揮不出來，派你去，是讓你改變那裡的局面，相信你會取得好的業績的。」安德魯又不情願地找到老闆，他沒想到老闆說的話跟總監對他說的話一模一樣，顯然他們早溝通好了。

老闆給高帽戴，安德魯只好同意。同事問安德魯公司為什麼派你去，安德魯還炫耀說：「讓我去改變那裡的局面。」同事心中暗笑，那只不過是老闆的藉口罷了，下一步辦事處績效仍然不佳時，安德魯恐怕也要跟著被裁員了。果然，不久辦事處績效仍做不出來，安德魯也被裁員了。

與上司交談，無論聊天還是談論工作，都要把握好分寸，不可無所顧忌，想到哪裡說到哪裡，這樣才不會給上司抓住把柄，留下不好的印象。你可以參照以下幾點：

一、不該說的別說

所謂不該說的，就是上司忌諱和感到不悅的，比如上司的隱私、瘡疤和一切能讓他感到有失顏面的事。特別是跟上司聊天開玩笑的時候，更要注意。

二、輪不到你就別說

韓非子曾說過：「為官的經歷不深，還沒得到君主的信任時，如果竭力顯示自己的才能，謀劃成功也不會受賞，如果謀劃失敗反而會受到懷疑。」其解釋就是部屬不能隨便向上司進言，進言要慎重，否則會很危險。在職場同樣如此，如果你還沒得到上司的信任，即使你的意見是正確的，上司也未必會採納。相同的意見，由上司信任的人提出，上司就認為是正確的，並欣然接受。所以，在得到上司信任之前，最好不要隨意向上司進言，因為你說了也白說，還可能引起上司的反感。

三、說時要拐彎抹角

所謂拐彎抹角，就是不直率地說出你要說的話，先說別的話題，讓上司感到你真正要說的話是為他好，當然，更重要的是保全上司的面子。西方有句諺語：「一滴蜜汁比五加侖膽汁更能吸引蒼蠅。」說的也正是這個道理。

四、學說「官方語言」

有時候，完全保持沉默並不是最佳的選擇，這時你可以說一些無關緊要的「官方語言」，讓上司覺得很舒服，自然不會讓上司抓住把柄。

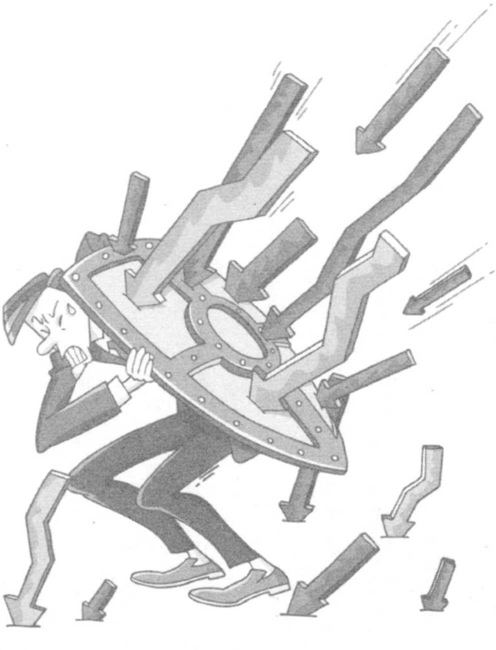

重視上司身邊的人

每個辦公室中都有一些與上司關係非常密切的「紅人」，這些人對上司的決策、用人及其它問題的看法都會產生重要的影響，而且這種影響在許多時候可能會是個決定性的因素。有些人認為，在公司裡只要盡心盡力，取得業務實績，贏得上司的賞識和歡心，加薪提升便指日可待了，而把那些上司身邊的心腹不放在心上，他們認為這些人的職位不高，權力也不大，跟自己也沒什麼直接關係，沒必要重視他們，只要不得罪就行了，殊不知，這樣一來，讓自己走了不少彎路。

有個年輕人剛滿二十四歲，就已經是部門主管，而且很有發展前途。一到各部門主管開會的時候，他就去了，一屋子的長著，越發顯得他更有朝氣。他總是先聽，然後再三言兩語地發表自己的意見，既中要害，又顯得謙虛，令人嘆服。他的公司裡的老闆對他十分欣賞，對他的意見和建議十分重視。可是他對老闆卻不那麼恭敬，而對老闆的得力助手——管理人事部門的副總卻出人意料地親近。逢年過節，必然登門拜訪，且總要帶一點家鄉的特產。大家很奇怪，老闆明明是一個很有魄力、知人善任的人，而那副總明明是一個本事不大、心眼很小的人。他為什麼一個勁地對後者好呢？

於是，有親密的朋友去問他，他回答，因為老闆是個正人君子，用不著顧及和他的關係，只要你好好做事，他對你就滿意了。那副總則不然，這種人雖然沒多少業務方面的本事，但他的心眼都用在為人處事上，他不一定能給你帶來什麼好作用，但如果在背後給你發揮點消極作用，你反而吃不消。我之所以和他那麼好，就是希望他不要在背後給我做點手腳，那就謝天謝地了。

那掌管人事的副總對這個年輕人也很好，他經常向這位年輕人通報一些情報，所以兩人相處得非常融洽。長期以來，我們已經形成了一種心理定式，那就是有能力、有學問、有頭腦、有良好品德的人受人尊重，我們跟他比較親近。如果什麼人專門要心眼，一心鑽營，我們往往躲著他們、疏遠他們，結果呢？自己給自己設定絆腳石，只好跌跌撞撞地走在艱難的謀職路上。

這個年輕人做得對，很多老闆身邊的「紅人」，雖然沒有決策權，但卻十分知情，對老闆有很大的影響力。如上級的副手、上級的祕書、上級的太太，他們對一些事情往往有舉足輕重的作用。

三國時的曹丕是曹操的大兒子，他和自己的弟弟曹植爭奪世子的寶座。曹植自恃文才過人，父親又重才勝過一切，便不拘小節。曹丕自知文才不如曹植，便在一次送行時，一語不發，叩頭大哭，令曹操感動不已。

曹丕素日尊敬一切父親身邊的人，順利地走上了從政之路，據史書記載，他還是一個很有政績的帝王。現在看來，曹植對父親的作用過於誇大。他以為父親是說一不二的，只要父親喜愛自己，就不必顧及其它人了。曹丕就比較聰明，他調動了父親的各方「親信」為自己說話，終於取得了成功。

老闆身邊的「紅人」出於其地位上的原因，比老闆更需要尊重和理解，他們雖然不能說一句頂一句，但有自己的圈子和能量，千萬不要低估，更不能迴避，否則容易產生一些不必要的誤會，如果他本身並沒有多少值得敬重的地方，就更要敬他三分，免得牽動他敏感的神經。

解開與上司之間的疙瘩

俗話說：做人難！做別人的下屬更難！同時做幾個人的下屬難上加難！有時，往往不經意間得罪了某個主管，而你自己卻渾然不知，等到弄明白是某個主管誤解了你的時候已經為時晚矣。

五年前羅傑還是工廠的一名基層鉗工，後來廠企劃部調來了一個方姓部長，發現羅傑文筆不錯，便頂著壓力將羅傑調進了企劃部當企劃。從此，羅傑對方部長的知遇之恩一直銘記在心。

兩年後，羅傑在管理部當祕書，成了工廠管理部王主任的部下，精明的羅傑很快就得到了王主任的喜歡。沒過多久，羅傑忽然感到方部長和他漸漸疏遠了。一瞭解，才知現在的主管王主任和從前的主管方部長之間有私人恩怨，因而，方部長總是懷疑羅傑倒向了王主任那邊。

其實，引發方部長對羅傑誤解的「導火線」很簡單：在一個雨天，羅傑替王主任撐傘，卻沒替方部長撐傘。這還是很久以後方部長親口對羅傑說的，而事實上羅傑從後面趕上替王主任撐傘時，確實沒有看見方部長就在不遠處淋著雨，誤解就此產生了。一氣之下，方部長在許多場合都說自己看錯了人，說羅傑是個忘恩負義的人，誰是他的上級，他就跟誰關係好。

羅傑其實根本不是這樣的人，他也渾然不知發生的這一切，直到方部長在人前背後說羅傑的那些話傳到羅傑耳裡，羅傑才感到事情的嚴重性。對此，羅傑自有他的處理原則：一是讓時間做證明。正所謂「路遙知馬力，日久見人心」，方部長在氣頭上說自己是忘恩負義的人，一定是自己在某一方面做得不好，現在向方部長解釋自己不是那樣的人，方部長肯定聽不進去，自己到底是個什麼樣的人，還是讓事實來証明，讓時間來驗證吧！二是遵循「解鈴還須繫鈴人」的法則。方部長誤解了自己，還得自己向方部長解釋清楚，自己既是「繫鈴人」也是「解鈴人」，要化干戈為玉帛，還要靠自己用心努力去做才行。有瞭解決問題的原則，羅傑採取了以下六個方法努力消除方部長對他的誤解：

一、極力掩蓋矛盾

每當有人說起方部長和自己關係不好時，羅傑總是極力否認根本沒有這回事，他不想讓更多的人知道方部長和自己有矛盾。羅傑此舉的目的是想制止事態的擴大，更利於緩和矛盾。

二、公開場合注意尊重主管

方部長和羅傑在工作中經常碰面，每次羅傑都是主動和方部長打招呼，不管方部長愛理還是不理，羅傑臉上總是掛著微笑。有時因工作需要和方部長同在一桌招待客人，羅傑除了主動向方部長敬酒，還不忘告訴大家自己是方部長一手培養起來的，自己十分感激方部長，羅傑此舉的目的是表白自己沒有忘記方部長的恩情，又怎是忘恩負義之人？

三、背地場合注重褒揚主管

羅傑深知當面說別人好不如背地褒揚別人效果好。於是，羅傑經常在背地裡對別人說起方部長對自己的知遇之恩，自己又是如何感激方部長。當然，這些都是羅傑的心裡話。如果有人背地裡說方部長的壞話，羅傑知道後則盡力為方部長辯護。羅傑此舉的目的是想透過別人的嘴替自己表白真心，假如方部長知道了羅傑背地裡褒揚自己，肯定會高興的，這樣更有利於誤解的消除。

四、緊急情況「救駕」

平時工作中，羅傑若知道方部長遇到緊急情況，總是挺身而出及時前去「救駕」。如有一次特殊節日需要貼標語，方部長一時找不到人，羅傑知道後，主動承擔了貼標語工作。類似事情，羅傑一直是積極去做。羅傑此舉的目的是想重新博得方部長好感，讓方部長覺得羅傑沒有忘記他，仍是他的部下，有利於方部長心理平衡，消除誤解。

五、找機會解釋前嫌

待方部長對自己慢慢有了好感以後，羅傑利用與方部長一起出差外地開會的機會，與方部長進行了溝通。

方部長最終還是被羅傑的誠心所打動，說出了對羅傑的看法以及誤解羅傑的原因——「雨中撐傘」的事。羅傑聞聽再三解釋當時自己真的沒看見方部長，希望方部長不要責怪他。方部長也表示不計前嫌，要和羅傑關係和好如初。羅傑此舉的目的是利用單獨相處機會弄清被誤解的原因，同時讓方部長在特定場合裡更樂意接受自己的解釋。

六、經常加強感情交流

方部長對羅傑的誤解煙消雲散之後，羅傑不敢掉以輕心，而是趁熱打鐵，經常找理由與方部長進行感情交流。或向方部長請教寫作經驗，或到方部長家和他下棋打牌。久而久之，方部長更加喜歡這個昔日部下。羅傑此舉的目的是透過經常性的感情交流增進與老主管之間的友誼。

皇天不負有心人，在羅傑的不懈努力下，方部長對羅傑的誤解徹底消除了，反倒覺得以前說的話有點對不起羅傑。從那以後，方部長逢人就誇羅傑是個人才，兩人的感情與日俱增。

忍耐不如意的上司

當你在職場上工作一段時間後，突然發現上司很不如你的意，感覺很彆扭。雖說是擇優而仕，但你卻沒有「跳槽」的機會，或因為制度等等方面的原因使你不能「跳槽」，該怎麼辦呢？有些人採取的辦法是：跟上司「談判」，但不知道這些人想過沒有，如果過於計較一些小的得失，就可能導致全盤盡失，特別是重眼前利益就可能導致更大的失敗。當你不得不留在一個團體中時，就要學會忍耐不如意的上司。

人們覺得上司不如意，可以分為若干原因，要根據不同的原則採取不同的辦法，忍耐也要因人制宜。

一、如果你覺得你的上司獨斷專行，並且希望下屬無條件服從他的意願，你切記不可與他以硬碰硬，因為這樣他就可能會覺得你有意與他作對。但你也不能一味服從，要不卑不亢，該服從的服從，該拒絕的拒絕，否則會更加助長其獨斷專行之勢。你還可以尋找機會顯示你超越他的才幹，影響他並爭取他的重視，或者動用集體的力量影響他。身為丞相的李斯就對秦始皇坑殺儒生的專斷之行一味服從，最終落下歷史臭名，而自己也被腰斬於咸陽。上司獨斷專行，你既要會忍，也要會勸阻，因為同處一個團體中，他出了問題，你也可能受到牽連。糾正了錯誤而取得成績，上司也會感激你。

二、如果你覺得你的上司好挑剔、指責，這可能有這樣兩個原因：一是上司的專業知識水準很高，確實高於下屬。因而總是按照他的經驗和能力要求下屬，所以下屬做事總不能讓他滿意。二是上司專業知識水準並不高，但他卻不願認為自己能力差，所以只有挑出下屬毛病，以證明自己的水準高。一九一七年六月，馬歇爾被任命為賽伯特將軍的參謀，賽伯特將軍對工作非常嚴格，甚至可以說是非常挑剔，但馬歇爾為人非常嚴謹認真，他能夠非常準確地理解將軍的意圖，並儘量按將軍的思路去做事，而且事情一經他手，一般完成得都很漂亮，受到了賽伯特將軍的好評。這種作風也使馬歇爾成為「最偉大將領中的偉大將領」。

三、經常會有這樣的上司，他工作不分輕重，該放手的不放手，整天忙，又忙不到重點上，弄得下屬也跟著轉，一天到晚不得清閒。遇到這樣的上司，你不跟著他忙，他會怪你躲清閒；你跟著他轉，就會陷入毫無效率的忙亂之中。這時候，你不必跟著他轉，也不能拒不服從，你可以認真地釐清楚並完成工作的思路，有條不紊地完成，工作完成得比較出色，又不似上司那般忙亂，既可以減輕上司的焦慮、緊張的心情，說不定他還會跑來向你請教工作方法呢。

四、有的上司特別注重別人，尤其是下屬對他的態度，害怕下屬會輕視他，經常非常敏感地觀察下屬的一言一行，並企圖從中發現別人對他是否在乎的端倪。和這樣的上司相處，你需要謹言慎行。因為這樣的上司往往都有不低的能力，因而才期望下屬尊敬他。你對此要承認他優於你，從心理上不輕視他，才能做到不會讓他發現你輕視他，在細微之處也不會輕視他。

五、還有一種上司，不信任下屬，一些本該交給下屬去做的事情，他交給別人去做。或者即便交給下屬去做，也極不放心，交待完事後常嘮叨一番，讓下屬感到極不舒服。在這樣的上司手下，要獲得他的信任，不妨先把手頭的一些小事情做好，做得相當漂亮。有的上司就是用小事來考查下屬。當他發現你小事做得謹慎細緻後，才會把大一點的事情交予你做。這樣，你就可以由小到大逐漸取得他的信任。做好了事情，不要只顧自己高興，不妨把功勞分與上司，感謝他的栽培，這樣，讓他覺得你既能做事，又明事理，還會不信任你嗎？

六、生活中嫉賢妒能的上司很多，他們不能容忍下屬超過自己，他們要保持自己在團體中的權威地位，即便他水準不高，就像武大郎一樣，在他的店中就不能有高大身材的夥計。華君武的漫畫《武大郎開店》，諷刺的就是這樣的上司。魏公子無忌一次與魏王一起玩遊戲，這時北方邊境傳來烽火台點火的消息，魏王停止遊戲，想召集大臣商議對策。公子阻止魏王說：「這不過是趙王在打獵罷了，不是舉兵犯邊。」後來傳來消息果然是如此，魏王於是疑惑地問公子：「公子怎麼對事情知道得這麼清楚？」公子說：「我的門客中有深知趙王隱秘事情之人，因而我也就知道了。」事後，魏王畏懼公子的才能，因而沒有重用他。在這樣的上司那裡，要藏鋒露拙，因為你如果一露出頭來，他就覺得你出風頭，想把他比下去，這還了得，他就會把你壓下去，因為他手中有權。那你不妨向他求教，滿足他的權力欲。

七、很多人想投身於一個好上司的麾下，有個英明的主管帶領著，做出一番業績來。希望「主上」聖明，這是人之常情，但生活中我們遇到的上司卻常是平庸之輩。三國時的劉禪，是一位「名傳千里」的昏庸之輩，以諸葛孔明的才華，位居其下，實在讓人覺得是降貴紆尊，而孔明先生受劉備託孤之囑，又不能撒手而去。但孔明畢竟是孔明，他明法紀、昭章法，上書陳情，讓劉禪能夠對他心服口服，因而對諸葛亮言聽計從。只要這樣的平庸之輩不礙事，也可以成就一番事業。遇到平庸的上司，你就不必希望他會隨你的熱情而激情澎湃了。這時，你就努力發現他的一些優點和長處，肯定他，取得他的好感，讓他對你做的事不會干涉、不妨礙那就行了，這樣你就可以放開手腳大展雄風。

巧妙應對各種上司

有些辦公室的成員，明知上司的指令是不正確的，是有原則性錯誤的，卻不加思索地去執行。這種盲從是一種頭腦簡單的表現。有時，你的上司確實錯了，作為直接執行者，你千萬不能盲從，要巧妙地與其周旋。對不同類型的上司，採取不同的應對方法：

一、應對健忘型

有的上司很健忘，明明在前一天講過某一件事，但兩三天後，他卻說根本沒講過，或者在前一天他講的是這個意思，但過了兩三天，他卻說是那個意思。他常常顛三倒四，也常常丟三落四。

這樣的上司，對付的方法是：當他在講述某個事件或表明某種觀點時，下屬可裝作不懂，故意多問他幾遍，也可提出自己不同的看法，以故意引起討論來加深上司的印象。在最後，還可以對上司的陳述進行概括，用簡短的語言重複給上司聽，讓他也牢牢記住。

有的上司，明明你在上午把某個資料送給他了，下午他會一本正經地說根本沒拿，重新向你要。對這樣的上司，可行的辦法是，送資料時不要一放就走，或托人轉送，可適當延長接觸時間，也可對資料做些具體解釋，如有旁人，要讓他們也知道有這樣一個資料，以擴大影響，增加旁證。如是重要資料，可要求上司簽字，一般不要托人轉送。倘必須轉送，可在送前或送後再打個電話給上司加以說明。

如果你是秘書人員，接到上級的文件或書面通知，要你們上司參加會議或活動等，那麼把通知直接給他看，並把有關時間、地點、所帶物品等要用螢光筆劃出，或者把它寫在上司的筆記上。假如是電話通知，可把具體內容轉寫成書面通知，直接送交上司，如人不在，可放在辦公桌上，但事後見面時要重複一次。

二、應對模糊型

有的上司在工作時喜歡含含糊糊、籠籠統統，從來沒有明確具體的要求；有的既可理解成這樣，又可理解成那樣；有的前後互相牴觸，下屬根本無法作業和實施。一旦你去做了，有的上司就會責怪，說他的要求不是這樣，你弄錯了。對經常是這樣的上司，在接受工作時，一定要詳細詢問其具體要求，特別在完成時間、人員落實、品質標準、資金數量等方面盡可能明確些，並逐一記錄，讓上司核准後再去執行。你去請示某項工作，要求得到具體指示或明確答覆，可有的上司卻不給予正確答覆，也沒有明朗的態度，有的只是說「知道了」，有的則是說「你自己看著辦」。有時，請示或彙報的事情具有相互排斥性，即要給予肯定的答案，有的上司卻也沒有明確的表示。

為了避免日後不必要的麻煩，做下屬的可反覆說明意圖，並想辦法誘導其有一個明白的判斷。必要時，可採用提供語言前提的方法，如：「你的意思是……」讓上司續接，或者用猜測性判斷讓上司回答，如：你的意思是不是……？當上司有了一個比較明確的判斷之後，立即重複幾遍加以強化，也可進一步延伸，「假如是這樣，那就會如何」。

三、應對馬虎型

有的上司做事很馬虎，常常做些啼笑皆非的事，弄得下屬們無所適從。有的對上面的文件不仔細研讀，對上級召開的會議不認真參加，在沒有完全理解基本精神的前提下就發表意見，提出看法，或公開傳達。

如某公司經理和祕書去局裡參加工作會議。開會時，經理不是說說笑笑，就是進進出出，很不認真。回本公司傳達時，他只照本宣科。當員工提出具體問題時，他卻不知如何回應，無法解說清楚，有些地方自己也沒理解。此時，有人就問在場的祕書。面對十分尷尬的上司，祕書很巧妙，他不說經理沒認真聽，也不對問題做具體解釋，而是說這些問題上面還沒確定，待過幾天去問問再做答覆。

其實，祕書是很清楚的，只是為了保全上司的面子而故意這樣說。事後，祕書就員工所提出的問題逐一向上司做了解釋。祕書這樣做，雖然有點假的成分，但從人際關係的角度來說，是完全可行的。有些上司，對下級的申請、報告、彙報等資料沒有仔細看完就下結論，或簽字批示。對此，下級要根據具體情況分別對待，如對自己非常有利，但超過了應有的範圍，不要秘而不宣，可含笑指出其不當；倘若對自己不利或非常不利，可做出必要的解釋，切勿急躁，切勿過分地責怪埋怨，以免個別糊塗的上司惱羞成怒而固執己見，一錯到底。

有的資料或事件很緊急，很重要，但有些上司卻漫不經心，把它擱置在腦後。對這樣的上司，唯一的辦法就是反覆申明，多次強調，最好三、四個人輪番強調，促使其引起重視，認真對待。

四、應對無知型

上司這裡的無知，泛指不明白、不懂、外行。有些上司明明自己不懂、外行、不擅長，但他有時裝懂、裝內行，他想顯示自己，他要橫插一手，有的還要瞎指揮。對這樣的上司，可分別對待。如是重要的，帶有原則性的問題，下屬可直接闡明觀點，或據理力爭，或堅決反對；倘若無傷大局的一般性問題，下屬則可靈活對付，儘量避免正面衝突和使矛盾激化。

某市近來需建成一座規模較大、設備先進的圖書館。快竣工時，該市文化局局長授意祕書，要他向下屬的圖書館館長去暗示，要求題寫圖書館館名。祕書深知局長在書法方面的「造詣」不佳，祕書知道圖書館館長已請了一位書法高手題寫了館名。他頗感為難：不去與館長說，以後局長查問起此事會怪罪自己的；去說，明知如此，不是硬使館長難為嗎？

後來，他出謀獻策，和館長一起商定：用局長題寫的館名，但牌子製作簡易，資料普通。書法高手題寫的暫做備用，但材料講究，製作精細。以後一旦局長卸任或調任，立即換上備用的。同時派人去向書法高手說明原因，表示歉意。

對這樣不明智、不識相的上司，採用這種機動靈活的應付辦法，應該說許多人都會理解的。

面對各種類型的上司，要認清楚才能定好位，並採取相應的方法。作為辦公室成員，要處好與上司的關係就要巧妙地應對好他們。

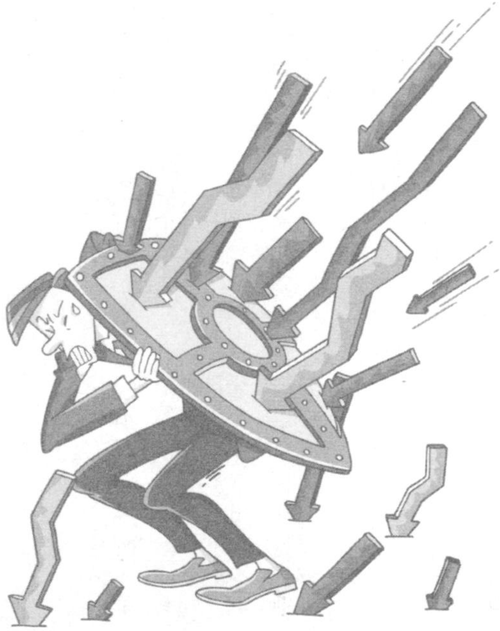

第五課

管理，從你忽略的小事開始

作為主管，運用辦公室的兵法難度遠甚於其他人。
要讓下屬懼怕你，就要以嚴格的制度制約他們；
要讓下屬尊敬你，就要以身作則，
身體力行；要讓下屬支援你，
就要想辦法使下屬心悅誠服，
一定要恩威並施。

I Will Not
Quit This Time

威嚴與人情

一個辦公室主管在總結自己管理下屬的經驗時說：「打一巴掌後再給個甜棗吃。」意思是對下屬施威、批評或者責罰，使他對自己的錯誤有所醒悟，待他的愧疚心平息下來，又要恰當地給他一點甜頭，引導他朝正確的方向走。

作為辦公室中的領導者，作為其它員工的上司，必須保持一定的威嚴。道理很簡單，在管理者與主控業務上，沒有令對方與下屬感到畏懼的威懾力，是不容易盡責稱職的。單是有一張和藹的臉、一番美麗動聽的言辭所發揮的推動作用，可以說是非常有限的。當然，威嚴也不等於惡言相對，破口大罵，整日板著面孔訓人。只是在工作時對待屬下必須令出法隨，說一不二。發現了屬下的差錯，決不姑息，立即指出，限時糾正，不容許討價還價。只有讓屬下滋生敬畏之心，才會使你威風凜凜，在萬馬千軍衝鋒陷陣的激烈競爭中指揮自如。威嚴永遠是管理階層人士的一種特質。但是，只有威嚴感是不行的，還得富有人情味。

美國電話業巨擘、密西根貝爾電話公司總經理福拉多堪稱典範。在一個寒冷的深夜，紐約的一條不是很繁華的道路上已經幾乎沒有車輛行駛。這時從街中心的地下管道洞內鑽出一位衣著筆挺的人來，路旁的一個行人十分狐疑。他上前想看個究竟，一看卻怔住了，他認出這位鑽出來的人，竟是大名鼎鼎的福拉多！原來福拉多是因為地下管道內有兩名接線工在緊急施工，福拉多特意去表示慰問。福拉多被稱作「十萬人的好友」，他與他的同事、下屬、顧客，乃至競爭對手都保持著良好的關係，這位富有人情味的企業鉅子，事業如日中天。

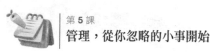

作為組織中的領導者，要達成自己的意圖，必須與屬下取得溝通，而富有人情味就是溝通的一道橋樑。它可以有助於上下雙方找到共同點，並在心理上強化這種共同認識，從而消除隔膜，縮小距離。有許多身居高位的人物，會記得只見過一、兩次面的下屬的名字，在電梯上或門口遇見時，點頭微笑之餘，叫出下屬的名字，會令下屬受寵若驚。

富有人情味的領導者必是善待下屬的。領導者要贏得下屬的心悅誠服，一定要恩威並施。所謂恩，則不外乎親切的話語及優厚的待遇，尤其是話語。要記得下屬的姓名，每天早上打招呼時，如果親切地呼喚出下屬的名字再加上一個微笑，這名下屬當天的工作效率一定會大大提高，他會感到，管理者是記得我的，我得好好做！對待下屬，還要關心他們的生活，聆聽他們的憂慮，他們的起居飲食都要考慮週全。

所謂威，就是必須有指令與批評。一定要令行禁止。不能永遠客客氣氣，為了維護自己平和謙虛的印象，而不好意思直斥其非。必須拿出做管理者的威嚴來，讓下屬知道你的判斷是正確的，必須不折不扣地執行。

領導者的威嚴還在對於下屬分派工作、交代工作時。一方面要勇於放手讓下屬去做，不要自己包打天下；一方面在交代工作時，要明確要求，什麼時間完成，達到什麼標準。分派了以後，還必須檢視下屬完成的情況。恩威並施，才能駕馭好下屬，發揮他們的才能。當員工的工作表現逐漸惡化的時候，敏感的上司必須尋找發生這個現象的原因，如果不是有關工作的因素所造成的，那麼，很可能是員工個人的問題在困擾他的工作。有些主管對這種現象不是採取「這不是我的責任」而忽視它，就是義正詞嚴地告誡員工振作起來，否則捲鋪蓋走人。也有些主管一味地規範員工而不針對問題的核心。不論如何，如果主管希望員工關心與認同此團體，那麼，領導者首先要關心員工的問題。因此，上述處理的方式可以説輕而易舉，但是無法改善員工的表現。比較合理的方法應該是與員工討論，設法協助他面對問題、處理問題，進而改善工作績效。近年來，一些上軌道而力爭上游的美國公司紛紛成立「員工協助計劃」，目的在於給員工提供心理保險，以解決員工的個人與家庭問題。不論你的公司是否有這樣的管理制度，關心員工的心理健康已成為現代管理趨勢中重要的一環。

要做好這種心理輔導的工作，領導人首先要與員工面談。面談時要注意下列原則：時間上選擇一個星期中的前幾天而不是接近週末的後幾天，選擇早上而不是下班之前。選擇讓員工感覺較隱秘的地方，譬如附近可供散步的花園或公司內的會議室，以使得面談的過程不受干擾，讓員工輕鬆自在地娓娓道來。使用「我」而不是「你」的關心語言。譬如「我對於你造成的意涉外事物件感到焦慮不安」，而不是「你這樣焦慮不安，以至於引起許多意涉外事物件」；「我對你的不理睬工作要求感到生氣」，而不是「你用不理睬工作要的方式激怒我」；「我要與你談談」，而不是「你來找我談談」。注意聆聽而不做任何建議或判斷，此外，要將談話的內容保密，會談後不與其它同事討論細節。

知道自己無法解決員工的問題時，須提供專家的協助。在與員工面談後，如果發現員工有不良行為的傾向，則要設法轉給公司特約的心理輔導專家，或者提供心理治療的機會，讓員工自行選擇。至於哪些行為需要專家輔導呢？

一、容易生氣、悲哀或恐懼

感到孤單、憂鬱、情緒不穩；酗酒或吸食藥物；親朋好友的去世；高度的壓迫感。

二、無法專心，容易失眠

有自殺的想法；有體重肥胖的煩惱；缺乏自信，害羞，對工作、自己或這個世界感到悲觀；人際關係不良；缺乏激勵自己的慾望；家庭及經濟的困擾。最後，把有個人問題的員工轉給心理專家之後，管理者也應該負起追蹤到底的責任。差不多在第一次面談之後的兩個星期之內，主管與員工必須再度溝通，鼓勵員工說出自己的想法、感覺與意見，甚至建議解決問題的辦法。

一般而言，現代的員工在配合工業技術升級的情況下，已面臨了更大的壓力。因此，負責身體健康的醫療保險已無法完全保證員工身「心」的健康。企業領導者如果要使員工全身心投入工作，以提高生產力，那麼，主動的認識與解決員工的個人問題，將是有效利用人力資源的原則，也是促使員工提高對公司向心力的祕訣。

做下屬的朋友

在辦公室裡，常常聽見有的中階主管抱怨：「也不知是什麼原因，我的下屬們整天怨氣沖天，好像總也不滿足，一會兒薪水太少，一會兒又抱怨工作沒挑戰，反正這也不是，那也不行，似乎外面的世界哪兒都比這兒的好。」也常常聽見下屬們在一起竊竊私語：「唉呀！我們的大多數領導人也不知整天在忙乎什麼，怎麼這麼安排工作，也不替我們想想。」於是乎管理者嘆息：現在這時代，人是越來越難管了，我整天都快累死了，他們卻在一旁無動於衷，好像什麼事都是我一個人的似的。這種現象的存在恐怕不在少數，究其原因，主管應負起些主要的責任。

管理一群人，並不像擺弄一個物件那麼簡單，主要的一點：人是有感情的動物，不是一發指令就會絲毫不差地去執行，管人這門學問實在是大大的深奧，要不怎麼會說管理是一門藝術！固然管理作為一門科學，有其共性的規律性的東西，但其中非規律性的，可以供你發揮的地方也太多了。一個有遠見的上司就在於能夠審時度勢，利用現有的條件，達到預期的目標。

這中間極其重要的一點就是能將自己的意圖透過各種方式，讓下屬接受，變成下屬的行動指南，帶領下屬一起拼。前面抱怨下屬的管理人員就是沒有很好地與下屬溝通，彼此之間互不瞭解，各想各的事，各做各的活，誰也沒少做，但在對方的眼裡是誰也沒做好。不少部門的中高階主管常常說：「我也希望知道下屬們在想些什麼，可是讓他們說，誰也不開口，也不知道如何去瞭解他們的心態。」豈不知「酒逢知己千杯少，話不投機半句多」，人心裡的祕密怎麼能對誰都訴說呢？領導者的一個十分重要的職責就是與下屬交朋友。有些管理者可能要說：朋友豈有隨便交的。要知道作為一個管理者就應該學會與不同性格、不同年齡、不同層次的人交朋友，至少應能在某一方面做到這一點。人這種動物，感情色彩十分濃厚，想想如果能與下屬無拘無束地談上一、兩個小時，那還會有什麼任務分配不下去的。所以我們說，上司能與下屬交上朋友，這就是最好的精神激勵手段，它能充分調動員工的工作熱情和創造性。實際上，這對作為主管的你，並沒損失什麼，反而多了一個朋友，多了一條路。那麼如何才能在辦公室與下屬交朋友呢？

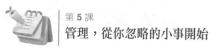

一、公平對待下屬

在調查問卷或座談會上，我們瞭解到員工一致反映「希望管理者能夠公平待人」。對下屬公平處理這是理所當然的事，為何大家還要如此強烈呼籲？至少由此反映出某些管理者在處事方面使下屬看來並不公平，因此到底如何公平處理，實在是一個大學問。就像在指派工作上，一方面嘮叨不停，一方面逼他拿出工作成績；對某人整日無所事事視而不見，卻將事情集中於另一人；將困難、複雜的工作分派給生手，卻讓熟手做些簡單的工作。這都是處事不公平的案例。

還有，不論難易的工作，如果處理態度完全相同，那在下屬眼中也會認為不公平。管理者對於自己較有經驗或較感興趣之項，總是付出較多的關注，此時從事另一項工作者定會察覺管理者對其忽視，會感覺受到不公平的待遇。責備人時如果某些人挨訓斥，某些人卻絲毫無壓力，前者一定會產生不滿情緒。同樣，光是拜託某人做事，而對某人顯出冷漠態度，這定會令人產生不公平的心理。某公司有些男職員反映說：「我們的管理者很會責罵男職員，對男職員的一舉一動也格外注意，但對女職員卻不然，顯得非常客氣，我希望管理者在責罵時不要有性別之分。」他們之所以有此希望，是感到處理不公平的原因。再就其它方面來看，同事眼中的優秀員工未給予加薪，獎金也沒多拿，而對那些工作不好的人卻加薪、分紅，理所當然會令人覺得不公平。還有些上司甚至有一種新趨向，那就是以能力決定酬勞，也許如此可更正以往的不公平待遇，提高積極性等。尤其年輕人也希望採取「實力主義」或「能力本位」處理。假若能開啟用人之門，或許可減少許多因不公平待遇所產生的不滿。

二、發揮下屬的長處

在一次座談會上，有位女職員說：「我們的管理者能根據我們每個人的能力來指派我們的工作，因此，我們的長處能盡情發揮，這樣做起事來得心應手。」任何事情做起來只要能結合自己的興趣，符合自己的能力，工作起來就格外有衝勁。任何人都有優點、缺點，如果老是盯住某人的短處，就會使人萎縮不前，這就好像培育的花草一樣，一旦得了萎縮病就可能整株枯萎下去。反之，倘能不斷地發揮長處，短處也會在不知不覺中消失無遺，甚至短處也會變成長處了。

但就是有些管理者專門挑剔部屬的缺失，對其長處反而不予理會，有的主管就大力抨擊部屬的錯誤，對於該問題又不知該如何處理。那麼，我們不妨問他：「你只看到他們的短處，可曾試著去認識他們的優點？」結果這位老兄對部屬的長處肯定無法說出半句。實際上任何人都有其長處，要去發現他們的長處，不要只注意他們的缺點，這種做法一定可改善他們的缺點。你若專找他人的漏洞，實際上毫無用處，反使對方採取預防措施，對自己或對大家都不好。

三、適應下屬的性格

所謂適應下屬性格能力之法，換句話說，就是要依照個人的性格來加以管理。管理方法有專制的、民主的、自主的這三種形態，你必須針對對方情況，選擇適當的管理方法，才能提高從業人員的士氣。當下屬出現過失時，有些管理者會對他愛護有加，有些卻相反。究竟哪一種方法能鞭策下屬，這就不用多說了。那麼什麼樣的上司才是愛護部屬的上司呢？

第一，下屬若犯了過失，在下屬本身能自行處理時就令其自己負起責任，並盡可能創造有利的條件。第二，若因下屬的疏忽導致顧客的不滿，上門興師問罪，此時若逼著下屬去道歉，對方心中絕不會舒坦，下屬也會覺得其窘不堪。因此上司若能挺身而出打個圓場，幫部屬解決問題，實為上策。此乃是愛護下屬的管理者。第三，在批評下屬之前，先聽聽下屬的心聲，看他如何來解決，然後再想出個解決措施。

勇於與下屬坦誠

身為辦公室中的管理人員，處理好各方面的人際關係自然是非常重要的。有些領導者把大量時間和精力花在與更高層的主管打交道上，而不重視，甚至極少與下屬坦誠，這種態度是極為有害的。

今日的職場競爭，下屬的全力支援是取勝的重要籌碼之一。你有必要調整一番「感情投資」。只有在你與下屬建立良好關係，在辦公室內部形成一種和諧的氣氛時，你的團隊才可能獲得長足發展。所以，作為上司的你千萬要記住：家「和」才能萬事興。可是，有時上司卻對此不屑一顧。他們認為與下屬坦誠是懦弱的表現，作為領導者應該有自己的威嚴，不要輕易俯身下就，降低了自己的身份。殊不知，你所取得的每一個成就，都是與下屬的支援和努力分不開的。如果離開了下屬的說明和支援，你個人本事再大，能力再強，也是無濟於事。

當年的「西楚霸王」如何，其英勇有誰能相抵？他不是縱橫無敵，城必攻、敵必克嗎？到頭來，烏江自刎，又是為什麼？你不能說他不勇敢，也不能說他武藝不精。毛病就出在他所信奉的是「以力量征服天下」的信條，他沒能籠絡住下屬的心，得不到下屬的忠心擁戴，結果身首異處，為後世所惜。

有的上司也許以為與下屬坦誠屬小事，不值得費多少心思。這種看法是短視的上司與下屬的關係，很難想像，一個對上司存在厭惡情緒的員工會為部門的存在和發展披肝瀝膽。可以說，員工對於部門的前途發揮著至關重要的作用。要想部門取得好成績，就必須讓員工信任上司。上司要贏得下屬的信任，就必須學會體諒下屬的用心。俗話說「知人知面不知心」，可見，想完全瞭解別人的心思是何等困難。

作為上司，你不可能一下子把員工的全部心思都瞭解透徹，這需要一個過程，一個在不斷解決矛盾中逐漸累積認識的過程。有的上司一見員工出了差錯，就著急，就發火，接著便把員工狠狠的訓一頓。這樣，上司或許消除了一腔怒氣，但對於員工而言，無疑會加上一副格外沉重的負擔。這種處理方法不能解決問題，甚至可能帶來更嚴重的後果。遇到這種事，脾氣暴躁的上司要格外小心，切莫逞一時之性而壞了大事。你首先要做的是進行一番調查研究，看看員工這次失誤究竟是何原因。這樣，你才能做到「有的放矢」，「對症下藥」地去解決問題，而不至於盲目蠻做。如果員工的確是出於一片好心，他為了公司著想，只是不小心才把事情做錯了，沒能達到預期的效果。

例如，這名員工為了趕工作，不想讓公司因為自己速度慢而受到損失，於是他便加班工作，結果出現了作業失誤。這時，員工心裡肯定是很委屈的，同時，他也一定在責備自己，他隨時準備著接受你的批評。如果這時你不調查、不研究，粗暴地猛訓他一頓，那麼，即使他心中承認自己有失誤，也會對你的這種做法大為不滿，從而產生牴觸情緒和逆反心理，他會認為你是「把好心當成了驢肝肺」，在以後的工作中他不再會為部門而「自找苦吃」了。

更重要的是，這種做法不只有嚴重挫傷了當事員工的積極性，而且會影響到周圍的員工，使周圍員工的積極性也不同程度地受到損傷。久而久之，這類事情發生多了，整個部門員工的上進心、積極性都因此而消失，這時你這個部門也就到了該解體的時候。遇到這種情況，你應該心平氣和地與員工談話，逐漸消除他的緊張心理和嚴重的自責情緒。同時，你也應當明確地對他這種為部門著想的工作態度予以肯定。

你要讓他明白，你這個上司是充滿人情味的，絕不是一個「六親不認」無情無義的「冷血人」。你可以輕鬆地告訴他：「假如我是你，我也會這麼做的。」你與員工的心理位置盡可以倒換一下，把你為他設身處地著想的意圖明確地告訴他。

這樣，受此激發，員工也會自然而然地為你去著想，他會想：「假如我是上司，我會如何去做。」這樣，就會平衡員工的心理。使員工在不受到外力壓迫的情況下，在以後的工作中會更有效地督促自己努力，為公司發展做出自己更大的貢獻。

勇於與下屬坦誠，才能瞭解下屬們的想法，從而有針對性地激勵他們，激發起他們的積極性和創造性，共同為公司創造更佳的績效。

樹立自己的權威

作為一個上司，要與下屬有良好的人際關係，首先必須樹立自己的威信。在你的辦公室是否有這樣的員工：他的工作表現不俗，卻有一個壞習慣，就是無論大小事情，總是提反面意見，時常無端地令工作氣氛陷入僵局。要讓他改掉此習慣，你必須在某些行動上動點「手腳」，必要時殺雞儆猴。讓下屬曉得，身為上司的你，關注他們的感覺。

有些人常喜歡批評，其實目的不在要改變事實，也許他在私人時間或公事方面，皆缺乏聆聽者，需要發洩而已。所以耐心地聽他的投訴，然後告訴他：「多謝你對公司的關心以及寶貴意見，在可能的範圍內，我會做出適當變動的。」不必做出承諾，只要表示你的關注。不妨重複對方的意見：「你的意思是……。」確定沒有誤解其本意，但卻切忌立刻做出裁決，更要避免與對方爭辯，否則只會把事情弄壞。

若事情實在不妙，你最好表態，就是說明什麼是可以辦的，什麼是你不能容忍的。要是對方死纏不捨，可以告訴他：「我已經將問題反覆考慮，又已跟你說過，是無法一朝一夕解決的。我看你可以做的是，停止找麻煩，儘快返回工作崗位。」做上司要有上司的威嚴。

作為主管，你也就是伯樂。如果懂得用人和驅使下屬勇往直前，才是一個成功的主管。有些人甚具潛力，而且有自知之明，隨著時間的流逝，使自己建立一定的工作風格和目標。可是你有位員工，深具領導者的才能，可以做你的左右手，但此人似乎欠缺自覺性，你有必要去催促他。讓他建立自信，尊重員工的任何意見，多製造由他發表意見的機會，並表示極大的興趣和樂於與之溝通，對他的分析予以支援和鼓勵。

既然是器重他，請切忌用不屑或指令的口吻，說類似的話：「你若想成功完成此工作，最好這樣做……。」任何人對這些話都會反感。要進行指導課程（正式或非正式的），請挑選適當的地點與時間。地點必須是不受任何妨礙，不受干擾。例如，午飯時在走廊上就絕不適宜，最好在下屬的辦公室中，氣氛會更好。

時間要更為小心。在課程前，要讓員工有足夠時間去學習新技巧和實驗新能力。

例如在一個行政會議後，千萬別立刻舉行，員工尚在緊繃狀態，必然不能接受任何指導，但也不可拖延太久，否則員工早把問題都忘掉了。即使在最忙碌的時候，別忘記關心你的下屬。

有些上司心目中，認為下屬只是「小卒」，不值得尊重。這種想法其實是不對的。如果下屬們也只把工作當作是例行公事，你以為你的業績會有什麼成績？當發現某位下屬近日魂不守舍，或者疲態畢露，你或許心裡嘀咕，工作一大堆，他還是推也推不動似的，讓你乾著急。

其實，每個人都會有高、低潮，下屬這種表現有兩個可能性：一是私事上有解決不了之事，二是公事工作過多，以至於喘不過氣來。無論是哪一個原因，下屬目前最需要的是：休息。請仔細思考：若要他疲困地花兩天時間去完成一項工作划算，還是放他一天假，讓他充足了電，以半天時間完成同樣任務划算呢？召見下屬，關心地說：「你近日精神不佳，是不是因為工作太忙，需要不需休息一天，我相信後天一定可以見到神采奕奕的你！」若下屬是為私事，他一定在內疚之餘，又感謝你的關心以及提醒。若為公事，他同樣以有你這個細心的上司而高興。

十二月是一個既歡樂又惱人的月份，大部分作為上司的，在這期間得給下屬做績效評估報告，作為加薪升職的指標。有些辦公室女性很細心，覺得給下屬的各項評語，俱是「很好」、「不錯」或「一般」，即是十分平均，認為你等於沒有下工夫，甚至懷疑你的閱人能力，對你有無法估計的壞影響。獎罰分明，是激勵下屬最好的催化劑，能令每個人樂於謹守職位。

所以，今年當你埋頭績效評估做報告時，請撇除私見，客觀地給每一個下屬評分，讓他們公平地得到報酬，也表現一下你自己的眼光。作為部門主管的你，時常會遇上困難，所以必須懂得「見招拆招」。

某位下屬，在年關時節，向你遞辭職信，究其實際用意，你明白此君只是利用機會要求福利，這是一件簡單的事，你盡可瀟灑地面對。首先，衡量一下此人對你、對公司的重要性，如果你真的失去了他，等於失去一隻手，或者，某些公事，只有他才能應付自如，那麼，唯有與之談判，做出讓步，在一定程度內，滿足他的願望，例如升職、加薪等。而且，還要請對方對此保密，一來減低眾人間的妒忌，二來以免開錯先例。同時，請從這一分鐘開始，削弱此人的權力，把某些重大任務交付另一人，終止其「勢力坐大」的現象。

要是此人的重要性不太，索性就直接准予他離職。對於管理者而言，權力和威信並不是一回事。權力是既定的、外在的、帶有強制性的；而威信則是來自下屬的一種自覺傾向。

你可以強制下屬承認你的威信。在對下屬應酬之中，你能否贏得下屬的支援，建立穩定、長久的合作夥伴關係，就看你有沒有掌握應酬中的分寸。具體地說，就是要把握以下三點：

一、公道

公道就是以公正、公平、正確的道理去辦事待人。公道的基礎在於實事求是，只有對事情的本來面目有了清晰的認識，對事情發展的脈絡方向有清醒的分析，對事情的正面和負面才有恰如其分的區別，才能真正作出「公道」的結論。在職場上只有你「實事求是」地對待下屬，才可能長久地擁有與之合作的機會。

二、厚道

通常我們所說的厚道，是指一個人待人以誠，寬容而不刻薄。厚道的人，不欺不詐，不謊不騙，大局為重，與人為善，不爭名奪利，不計較個人恩怨，能忍受非原則的誤解和委屈，但不是渾噩麻木的世俗庸人。厚道的人能衝破世俗觀念的羈絆，站得更高，看得更遠，有著深厚的思想和道德修養。在日常應酬中，如果一個人有失厚道，而總是想著千方百計地利用下屬，占一些小便宜，以滿足自己的私利，其最終只能為人所不恥。在日常應酬中，以誠實待人，以厚道辦事，你將會得到越來越多的下屬的支援與合作。

三、周到

所謂周到，就是指辦事細心，沒有遺漏，沒有疏忽，兼顧多面。做事周到、思想週密的人，往往會得到下屬的尊敬。上司是權力的擁有者，在有些場合，出於工作需要，確實可以強調自己的身份、地位，以利於充分發揮權力的職能作用。但是，作為上司，千萬不能因為自己擁有一定的權力就處處高人一等，處處以嚴肅的面孔出現，給人以居高臨下的感覺，這樣你的下屬會覺得你面目可憎，從而不願接近你，你也就難以與下屬建立融洽的上下級關係。真正有經驗、有修養的上司，都能夠平易近人，與下屬平等相處，只有這樣，才能贏得下屬的真心擁護和愛戴，才能真正樹立自己的威信。

任何人都難免有犯錯誤的時候，作為領導者有時也要受到別人的批評。面對批評，領導者以一種如何的態度去對待，這表現著領導者的管理風格和管理素質。下面是領導者在接受下屬批評時應注意的幾個問題：

一、不要猜測對方批評的目的

領導者在接受批評時，不應該妄加猜測對方批評的目的。如果對方有理有據，對方的批評就應該是正確的。領導者應該將注意力放在對方批評的內容上，而不要去懷疑對方批評的目的。反之，如果領導者盲目懷疑，對方可能不再會對領導者進行批評，久而久之，領導者的身邊只有那些唯唯諾諾的下屬，當領導者出現問題時，也不會有人站出來提醒，這種結果往往是很悲慘的。

二、不要急於表達自己的反對意見

有些領導者性情比較暴躁，或者不太喜歡聽別人的意見。這時如果有人向他們提出批評，他們的第一反應就是去反駁。當即反駁並不能使問題得到解決，相反，可能還會使矛盾激化。當對方提出批評意見時，領導者應該認真地傾聽，即便有些觀點自己並不贊同，也應該讓批評者講完自己的道理。另外，領導者應該很坦誠地面對批評者，表現出很願意接受批評的態度。

三、讓對方說明批評的理由

有些人在進行批評時，喜歡將自己的意見概括起來，雖然說了一大堆，但很難讓人明白他具體在批評什麼。如果碰見這樣的批評者，領導者應該客氣地讓他講明批評的理由，最好能講出具體的事件。這樣做可以使領導者更加清楚地明白自己在哪些方面還存在問題和不足。另外，還可以讓無中生有的批評者知難而退。

四、承認批評的可能性

承認批評的可能性，但不下結論。有時領導者對批評者所批評的事情可能還不是很瞭解，在這種情況下，不論承認錯誤，還是不承認錯誤都會使自己被動。最穩妥的辦法是承認批評者的批評有一定的可能性和合理性，並且表示對批評者的觀點能夠理解，但不應該就批評本身下結論。

維護權威的禁忌

身為管理者，在辦公室中的權威形象不只有在於樹立，同樣也需要維護。在下屬面前，若是一著不慎，滿盤皆輸的情況經常出現。權威是可變的，是動態的，不是靜態的。

透過才能和品德贏得的權威，絕不是一勞永逸可以終身享用的。如果不注意維護，不去進一步提高，而吃老本，它就會逐漸下降，甚至消失殆盡。本來是很有權威的管理者，後來卻變得毫無權威，這種事例在歷史上和現實生活中，並不罕見。如何才能保持自己已經樹立起來的權威呢？主要是有四大禁忌：

一、孤芳自賞

人們常有的一個弱點是，在事業上取得顯著成就和獲得較高權威之後，往往會驕傲起來，以為自己了不起，比別人強，於是便放鬆對自己的嚴格要求，工作不如從前那樣勤懇，決策也多出現失誤，思想品德方面的優點有的也逐漸丟掉，也就逐漸地降低和喪失了既有的權威。所以，為了保持權威，最重要的就是力戒驕傲，切忌自我膨脹。

有史可鑑。唐太宗李世民當了多年皇帝，由於實行輕徭薄賦等正確政策，取得巨大政績以後，開始驕傲自滿起來，逐漸丟掉了過去的節儉作風，修建豪華宮殿和對外用兵等。大臣魏徵寫了《十漸不克終疏》，對他進行了嚴厲的批評。李世民接受了魏徵的意見，糾正了一些不利於社會發展的政策和做法，使歷史上著名的「貞觀之治」得以貫徹永遠，李世民也得以被史家稱作「明君」。

二、故步自封

人們常有的另一個弱點，就是工作取得顯著成就和榮獲較高權威之後，往往開始安於現狀，不求進步，不注意繼續提高自己的素質，在才能累積方面不再注意吸收新知識、新經驗，在品德方面也不再注意進一步發揚自己的優點，努力克服自己的不足，而是陶醉於既有成就，習慣講老話、走老路、守攤子、保榮譽，這就不可能使權威善始善終。

三、文過飾非

人總是會犯錯誤的，權威再高的管理者也有失策、失算、失誤之，有的管理者遇到這種情況，為了維護自己的權威，往往採取諱疾忌醫、文過飾非的態度和做法，不承認有錯，強調客觀原因，推卸責任，甚至把錯誤嫁禍於人。這種做法，維護不了管理者的個人權威，反而會導致員工的不滿，使因錯誤已下降的權威更加降低。

正確的做法應是勇敢地承認錯誤，實事求是地分析錯誤產生的主客觀原因，不諉過於人，不推脱自己的責任，並提出糾正錯誤的辦法。這樣不只有不會丟面子，反而會使因犯錯誤而降低了的權威得到恢復。諸葛亮誤用馬謖失了街亭，打了敗仗，削職自責，不只有沒有降低他在西蜀軍民中的權威，反而傳為歷史佳話，就是一個最有說服力的證明。

四、嫉賢妒能

俗話說：「虎父無犬子，強將手下無弱兵。」權威高的管理者，如何對待手下大將，對保持自己既有權威十分重要。有的管理者為了維護自己的權威，總擔心強龍壓主，其實維護自己權威的最好方法就是學劉備、宋江，不學武大郎。又如武大郎，自己能力不如別人，卻又嫉賢妒能，壓抑人才，不許別人高過自己。壓抑人才的結果，表面上自己的權位保住了，權威得以維持了，實際上卻會導致人才外流，眾叛親離，工作受到嚴重損失，自己的權威最後也全部丟掉。學劉備、宋江的辦法，對強過自己的員工，謙虛一點，尊重他們，在工作上充分信任，放手使用，為他們提供施展才幹的機會，成功了功勞歸於他們，失敗了自己也承擔責任。這樣做，那些才能超過自己的員工不只有不會「壓主」，反而會心甘情願地接受你的管理，你的威望也會隨之提高。

管好難纏的下屬

一個辦公室裡的成員，各有各的特色。作為上司的你，下屬並不都是那麼精明、利落，難纏的下屬也不少見，能夠處理與他們的關係，也是一種不小的本事。最常見的當屬無論大事小事都嘮嘮叨叨、好請示的「多事人」。這種下屬往往心態不穩定，遇事慌成一團，大事小事統統請示，還嘮嘮叨叨，講究特別多。跟這樣的下屬交往，上司交待工作時要說得一清二楚，然後令他自己處理，給他相應的權力，同時也施加一定的壓力，試著改變他的依賴心理。

在他嘮叨時，不要輕易表態，這樣會讓他覺得他的嘮叨既得不到支援也得不到反對，久而久之，他也就不再嘮叨了。有的下屬喜歡爭強好勝，他總覺得比你強，好像你們倆應該顛倒過來才對。這種人狂傲自負，自我表現慾望極高，還經常輕視你甚至嘲諷你。

遇到這樣的下屬，不必動怒。這個世界上，自以為是的人到處都有，你遇見了，很正常。也不能故意壓制他，越壓制他越會覺得你能力不如他，是在以權欺人。認真分析他的這種態度的原因，如果是自己的不足，可以坦率地承認並採取措施解決，不給他留下嘲諷你的理由和輕視你的藉口；如果是他覺得懷才不遇才是這樣的話，你不妨為他創造條件，給他一個發揮才能的機會，重任在肩，他就不會再傲慢了，也讓他體會到做成功一件事情的艱辛。

有的下屬總是以自我為中心，不顧全大局，經常會向你提出一些不合理的要求，什麼事情都先為自己考慮。有這樣的下屬，你就要儘量地把事情做得公平，把每個計劃中每個人的責任與利益都向大家說清楚，讓他知道該做什麼，做了這些能得到什麼，他就不會再提出其它要求了。同時不要滿足他的不合理要求，要講清不能滿足的原因，同時對他曉之以理，暗示他不要貪小利而失大義。還可以在條件容許的情況下，做到仁至義盡，讓他覺得你已經很夠意思了。

還有的下屬自尊心較強，極敏感、多慮，這樣的人特別在乎別人的評價，尤其是上司的評價，有時候哪怕是上司一句玩笑，都會讓他覺得上司對他不滿意了，因而會導致焦慮、憂心忡忡、情緒低落。遇到這樣的下屬，要多理解，不要埋怨他心眼小，應多幫助他。在幫助他的過程中，多做事，少講自己的意見，意見多了會讓他覺得你不信任他，給他一些做主權，讓他覺得自己能行，經常給予鼓勵。要尊重敏感下屬的自尊心，講話謹慎一點，不要當眾指責、批評他，因為這樣的下屬心理承受能力差。同時也要注意不要當他的面說別的下屬的毛病，這樣他會懷疑你是不是也在背後挑他的毛病。要對他的才幹和長處表示欣賞，逐漸弱化他的防禦心理。

還有一種下屬，喜歡挑上司的毛病，議論上司的是非。這種下屬常把你的一些無關緊要的小問題到處傳播，留意你的一些細節，而有的還像是很忠誠地為你著想。和這樣的下屬相處，首先要檢查一下自己本身是不是有毛病。可以多徵求他的意見，讓他覺得你是真誠對他的，那他就不好意思再亂傳有關你的一些生活細節問題。對於不易感化的人，也不要一味忍讓，就其一點給予指出，讓他有自知之明。

每個上司都會遇到難纏的下屬，也不可能把他們每個都推出去，你必須面對他們，學會與他們交往，與下屬處好關係就更加得心應手。

讓下屬工作更有力

作為辦公室的管理者，如果你的下屬工作不力，該怎麼辦？是聲色俱厲、橫加喝斥，還是越俎代庖、親力親為？不同的人有不同的看法。其實，最明智的做法是深入調查，找準下屬工作不力的原因，從而對症下藥，說明下屬優質高效地完成工作。具體地說，對策有四：

一、「導」。下屬工作不力，思想不順，效率不高，態度不端是原因之一。有的對你安排的工作不滿意，或者與你之間有矛盾，以致工作時情緒低落、心不在焉；有的因某種原因，對你指派的工作的重要性缺乏足夠的認識，儘管接受時欣然允諾，但行動起來卻隨隨便便、馬馬虎虎。下屬帶著這種情緒和作風上陣，哪能夠交出滿意的績效呢？因此，面對這種下屬，主管應該頭腦冷靜，耐心細緻地加以引導。一要放下架子，親近下屬，聽取意見和呼聲，把準思想脈搏，縮短上下級之間的心理距離；二要說明下屬理順思想，消除疙瘩，振奮精神；三要說明下屬正確認識自己所承擔的工作的重要性，勉勵其積極主動地把工作做得又快又好。

二、「扶」。膽量不大、能力不強，往往也會使得下屬工作不力。對待這樣的下屬，絕不能輕言放棄，閒置不理。因為這些下屬並非真的是天生遲鈍的懦弱無能之輩，有的還很具潛力，只是缺乏培養鍛煉。倘若著意雕琢，他們是完全有可能成才的。況且合適的人選短時間內難以找到，即使自認為找到了，動起真格來也未必真行。再者，還可能嚴重傷害被冷落了的下屬的心，所以，對這樣的下屬宜「扶」不宜「棄」。何謂「扶」？就是不斷創造機會，讓其在實踐活動中提高素質、增強能力和膽識。具體做法是主管在指派工作的同時，指導下屬一些基本的工作方法和辦事程序，使其舉一反三，滲透其中之道；安排品性好、能力強的下屬與之共同承擔某項工作，既為其分解工作難度，又為其提供學習榜樣，還可以使其在實踐中獲得成功，找回自信，激發鬥志；經過一段時間的培養鍛煉，安排其獨立承擔工作，鼓勵其消除顧慮，充滿信心，放手動作，爭創佳績。不過，在安排其獨立完成工作時，難度設計應該循序漸進，逐步增加，切不可急於求成，否則，既完不成工作，又達不到鍛煉目的，還可能打擊其追求進步的信心。

三、「逼」。有的下屬工作不力，完全是因為惰性太強、懶散成性造成的。但這樣的人往往有很好的頭腦，行動起來爆發力強。他們之所以不能按品質如期完成工作，主要原因是律己不嚴、自由散漫、工作缺少緊迫感，習慣於到「火燒眉毛」之時方欲認真「作答」，無奈時間所剩不多，只得隨便糊弄，硬著頭皮交差。調教這種下屬，最有效的辦法就是增加壓力、加強督促、時常鞭策，一個「逼」字足矣。怎麼「逼」呢？一是從難從重下達工作，使之感到肩上擔子沉重，不敢輕視；從高從嚴制定工作標準，使之不敢草率；從緊從急限定工作時間，使之不敢懈怠。二是在推進工作的過程中，要經常檢查督促。發現進步，及時肯定；發現問題及時解決。值得注意的是，改造這樣的下屬，不能寄希望於畢其功於一役。這種人，有的可以在短期內「脫胎換骨」，有的挨過一段時間，又可能「舊病復發」。對此，作為主管必須有充分的心理準備，以應對其可能出現的反覆。如果真要出現了這種情況，主管應該以滿腔的熱情和誠摯的愛心，一如既往地予以關心和說明。

四、「換」。「做不了就走人」，雖然這並非良策，但有時情非得已，不得不給那些工作不力的下屬調個職位，換個環境。不過這並不是踢皮球、甩包袱，而是為之尋找更加適合的環境和舞臺，使之面對新情況樹立新目標，自我反省，自加壓力，以適應需要。這儘管是下策，但也不失為理智的抉擇。否則，他們即使能力再強，由於長期老待在一個地方，缺少必要的流動，變得不思進取，或者學非所用，用非所長，工作起來一塌糊塗，既然這樣，又何必食古不化呢？換一換環境和職位，他們也許能重現生機與活力，創造非凡業績，「流水不腐」講的就是這個道理。因此，在適當的時候，讓下屬特別是在某個職位上的下屬調整一下，不只有必要，而且可行。只是在交流之前，一定要做好他們的思想工作，説明挪動的原因，徵求他們的意見，絕不能僅是簡單的行政指令，否則既容易傷害其自尊心，又不利於其在新的職位上重塑自我，展示自我，生效自我。

第六課

懂得人情世故 才不會成為邊緣人

周圍的同事正在疏遠你，
你已經成了辦公室裡面的邊緣人。
為何如此？因為你不懂得人情世故。

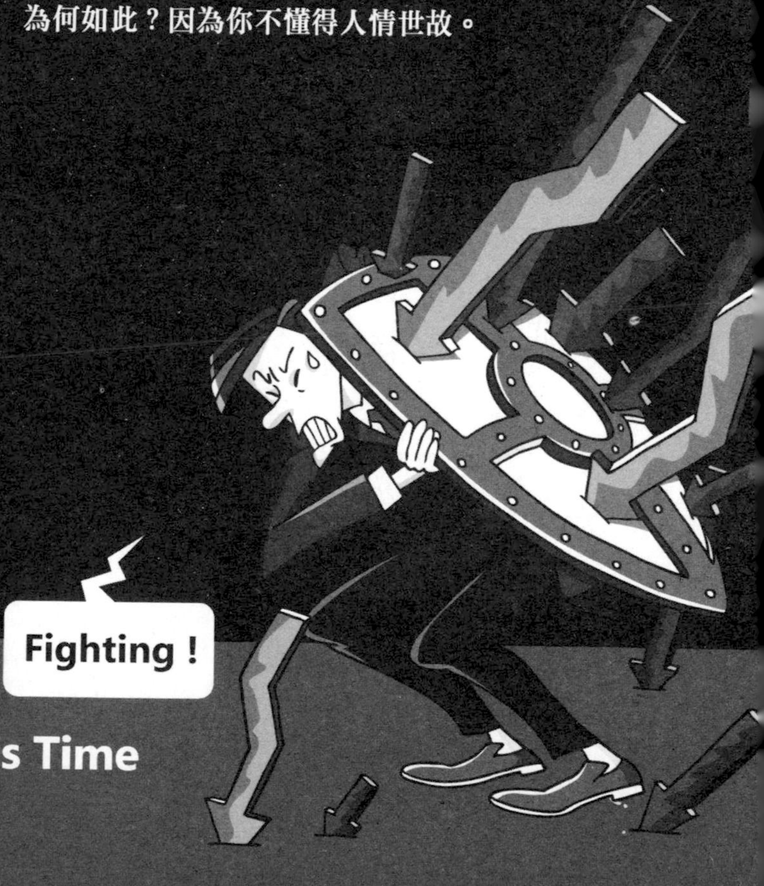

I Will Not
Quit This Time

讓同事留下好印象

在辦公室裡，給同事們留下好印象，可以使他們認同你。給別人留下印象容易，但要想比較深則很難。要想達到這一點，就必須至少在某一方面有出類拔萃之處。

美國夏威夷醫科大學精神病學院教授達尼魯・潘斯認為：「引人注目不僅是讓別人注意你，而且意味著讓別人記住你。」他認為，只要遵循下列方法去做，你就可以給人留下深刻而且良好的印象。

一、發揮自己的長處

如果你能發揮自己的長處，別人就會高興與你在一起，並容易與你合作。一個人首先要瞭解自己，把握自己的特點，如外貌、精力、說話速度、聲音高低和語氣、動作、手勢、神情以及其它引人注意的能力等。所以，為人處世要充滿自信，並儘量發揮自己的長處。

二、保持自己的本色

處世老練的人，永不會因場合不同而改變自己的性格。保持真我，保持最佳狀態的真我是給人留下美好印象的祕訣。不管是與人親密地交談，還是在發表演說時，都要保持自己的本色不變。不可給人造成言行不一的不誠實感覺。

三、善於使用眼神、目光

無論是跟一個人還是一百個人說話，一定要記住用眼睛看著對方。有些人在開始望著你，才說了幾句話目光就移向了別處。進入坐滿人的房間時，應自然地舉目四顧，微笑著用目光照顧到所有的人，不要避開眾人的目光。如此，則使你顯得輕鬆自如。

四、笑容也很重要

最好的笑容和目光接觸都是溫和自然的，並不是勉強做出來的。生活中失去了快樂氣氛便如同荒漠一樣單調無味。而一個人如果能在處世中慷慨向他人推銷快樂情緒，使別人也生活得快樂有趣，在自己的生活環境中造成一種和諧融洽的氣氛，那麼，他將是一個受人歡迎的人，並能在處世中立於不敗之地。

五、自信的人格

自信的人格力量可以鼓舞人。自信是人生的一大美德，最能克敵制勝的法寶。在處世中，和一個充滿自信心的人在一起，你會備感輕鬆愉快，即使遇到困難挫折，也會以樂觀自信的態度去對待、克服。這種人格力量本身對別人也是一種鼓舞。在人際交往中，誰都希望能給別人留下良好的印象，使別人喜歡自己、信任自己。

要想做到這一點，必須改變一下自己的行為舉止、言談習慣、興趣愛好等等，以便適應處世的需要，儘量讓對方對自己產生好感。可是，這種自覺的自我改變並不意味著要使你變成另外一個人，變成一個模仿或迎合別人口味的「演員」。甚至故意掩飾自己的真實情感，或把自己的真誠面目掩蓋起來，完全放棄自我的內在氣質，把自己變成處世中的「雙面佳人」。這種做法顯然並不可取，這樣處世不只有使你失去了自己的真實面目，而且一旦別人識破你的虛假做法後，結果是適得其反。有的人強迫自己走在人群中要昂首闊步、氣勢逼人；在跟別人握手時過分用力；跟別人談話時要死盯住對方；為了表示自己有幽默感而誇張地哈哈大笑等，如果是這樣故作姿態的話，那就會產生滑稽感，讓別人覺得討厭、虛假，甚至自己也感到彆扭。其實，最好的辦法是保持你原有的個性和特質，塑造一個真誠的自我。

辦公室中莫談私事

辦公室是用來工作的地方。雖然同事之間的聊天是一件平凡的事，但是有些人說到興起之時，口不擇言，不管什麼都像竹筒倒豆子那樣一點不剩地倒出來，往往一句話脫口而出時就知道錯了。然而，說出來的話就像潑出去的水，是無法收回的。用個不甚恰當的比喻，職場是個殘酷的競技場，每個人都可能成為你的對手，就算是合作很好的拍檔也可能突然翻臉來攻擊你，如果你的私事多次向他暴露，使他知道得多，他就越容易擊中你。有一點要切記的是，不管是熱戀、失戀，還是別的什麼事，都不要把情緒帶到工作中，更不要把自己的故事帶回辦公室。

愛咪是個文靜的女子，她失戀了，她告訴同事，她的男朋友甩了她，去跟別的女孩子在一起了。這件事傳到老闆耳朵裡，老闆在會上說：「有的人連男朋友都擺不平，公司的事怎麼可能放心交給她處理呢？自己的私事都四處宣揚，又怎能放心將公司的祕密交給她呢？」不久就在公司內部將愛咪調職，當然，薪資也較先前的職務低很多。

說話要分場合。「公私分明」是一條在任何時候都適用的規則。在辦公室裡不能亂說話，要說也只能說公事，莫談私事。有的人會抱著這樣的心理：我只是瞭解別人的事，自己的事會守口如瓶；如果你不開口打聽別人的私事，自己的祕密就容易保住。不要以為議論別人沒關係，談上幾個回合就會繞到自己頭上！在工作之餘，與同事一起上卡拉ＯＫ聚餐、郊遊等也要把握這個原則。至於同事中的個別深交者，能否向其傾訴心事，無所不談，讓其對自己的私生活處理出謀獻策，他會不會在關鍵時「背叛」自己，那就只能靠自己拿捏。

注重影響關係的言行

在辦公室裡工作，維持好同事關係是非常重要的。關係融洽，心情就舒暢，這不但有利於做好工作，也有利於自己的身心健康。倘若關係不和，那就會令人感受不好。導致同事之間關係不夠融洽的原因，除了重大問題上的矛盾和直接的利益衝突外，平時不注意自己的言行細節也是一個原因。

那麼，哪些言行會影響同事間的關係呢？注意你身邊的一條條警戒線：

一、有好事不告知

比如部門裡發物品、或是領獎金等，你先知道了，或者已經領了，一聲不響地坐在那裡，從不告知其他人，有些東西可以代領，你也從不幫其他同事代領。這樣幾次下來，別人自然會有想法，會覺得你不合群，缺乏共同意識和協作精神。以後他們有事先知道了，或有東西先領了，也就有可能不告訴你。如此下去，彼此的關係就會不和諧。

二、對同事隱瞞不該隱瞞的事

當有同事出差，或是臨時出去辦事時，若此時正好有人來找他，或者正好有電話找他，如果同事走時沒告訴你，但你知道，你不妨告訴他們。如果你確實不知道，不妨問問他人，然後再告訴對方，以顯示自己的熱情。明明知道，卻說不知道，一旦被對方要找的人知曉，那彼此的關係勢必會受到影響。外人來找同事，不管情況如何，你都要真誠和熱情，這樣，即使沒有發揮實際作用，外人也會覺得你和他要找的人的關係很好。

三、進出不互相告知

當你有事要外出一會時，或者請假時，雖然批準請假的是主管，但你最好要與辦公室裡的同事知會一聲。即使你臨時出去半個小時，也要與同事打個招呼。這樣，倘若主管或熟人來找，也可以讓同事有個交待。如果你什麼也不願說，進進出出神祕兮兮的，有時正好有要緊的事，人家就沒法說了，有時也會懶得說，受到影響的最後恐怕還是你自己。互相告知，既是共同工作的需要，也是聯絡感情的需要，這樣做可以表明雙方互相的尊重與信任。

四、把私事當作壞事

有些私事不能說，但有些私事說說也沒有什麼壞處。在工作之餘，可以順便聊一些無傷大雅的事情。它可以增進你和同事之間的瞭解，加深感情。倘若從來不交談，那怎麼能算同事呢？無話不說，通常表明感情之深；有話不說，自然表明相互之間距離的疏遠。你主動跟別人說些私事，別人也會向你說，有時還可以互相幫幫忙。你什麼也不說，什麼也不讓人知道，人家怎麼信任你呢？信任是建立在相互瞭解的基礎之上的。

五、有事不肯向同事求助

不輕易求人，這是對的，因為求人總會給別人帶來麻煩。但任何事物都是辯證的，有時求助別人反而能表明你的信賴，能融洽關係，加深感情。你不願求人家，人家也就不好意思求你；你怕人家麻煩，人家就以為你也很怕麻煩。良好的人際關係是以互相說明為前提的。因此，求助他人，在一般情況下是可以的。當然，要講究分寸，儘量不要使人家為難。

六、拒絕同事的好意

比如，有的同事獲了什麼獎或被升職等的好事，大家都替他高興，要他買點東西請客，這也是很正常的。對此，你也可以積極參與。不要冷冷坐在旁邊一聲不吭，表現出一副不屑為伍或不稀罕的神態。人家熱情分送，你卻每每冷漠地拒絕。時間一長，人家有理由說你清高和傲慢，覺得你難以相處。

七、把同事分等

有親疏遠近之分你對部門裡的每一個人都要一視同仁，儘量永遠處於不即不離的狀態，不要對其中某一個特別親近或特別疏遠。在平時，不要老是和同一個人說悄悄話，進進出出也不要總是和一個人在一起。否則，會讓別的同事覺得你在疏遠他們。還有些人會以為你在搞小團體。

八、不願吃一點虧

在同事相處中，有些人總想在嘴巴上佔便宜。有些人喜歡說人家的笑話，討人家的便宜，雖是玩笑，也決不肯以自己吃虧而告終；有些人喜歡爭辯，有理要爭理，沒理也要爭三分；有些人不論國家大事，還是日常小事，一見對方有破綻，就緊抓住不放，非要讓對方敗下陣來不可；有些人對本來就爭不清的問題，也想要爭個水落石出；有些人常常主動出擊，人家不說他，他總是先說人家等等。這種喜歡在嘴巴上佔便宜的人，實際上是很愚蠢的，他給人的感覺是太好勝，鋒芒太露，難以合作。因此，講笑話、開玩笑，有時不妨吃點虧，以示厚道。你什麼都想佔便宜，總想表現得比人聰明，最後往往是眾叛親離，沒人說你好。

九、神經過於敏感

有些人警覺性太高，對同事也時時處於提防狀態，一見人家在議論，就疑心在說自己；有些人喜歡把別人往壞處想，動不動就把別人的言行與自己連絡起來；有些人想像力太豐富，人家隨便說了一句，根本無心，他卻聽出了豐富的內涵。過於敏感其實是一種自我折磨，一種心理煎熬，一種自己對自己的苛刻。同事間，有時還是麻木一點為好。神經過於敏感的人，關係肯定不好。人與人之間就是這樣，你要是太敏感，人家就會覺得與你無法相處。

十、該做的雜務不做

幾個人在同一個辦公室，每天總有些雜務，如開啟空調、掃地、擦門窗、夾報紙等，這雖都是小事，但也要積極去做。如果同事的年紀比你大，你不妨主動多做些。懶惰是人人厭惡的。如果你老是表現得懶惰，久而久之，人家對你就不會有好感。如果你自己的房間收拾得非常整潔乾淨，但在辦公室裡從不掃地，那麼人家就會說你比較自私。幾個同事在一處，就是一個小團體。團體的事要靠團體來做，你不做，就或多或少有點不合群了。

十一、主管面前獻慇懃

對主管要尊重，對主管正確的指令要認真執行，這都是對的。但不要在主管面前獻慇懃。有些人工作上敷衍塞責，或者根本沒本事，但一見主管來了，就讓座、倒茶，甚至公開吹捧，以討主管的歡心。這種行為，雖然與同事沒有直接的利害關係，但正直的同事都是很反感的。他們會在心裡瞧不起你，不想與你合作。如果主管確實很優秀，你真心誠意佩服他，那應該表現得含蓄點，最好表現在具體工作上。

俗話說：「細節決定成敗。」看似不起眼，但「千里之堤，潰於蟻穴」，久而久之，你就會成為辦公室裡的邊緣人。所以，在辦公室裡千萬要注意言行。

消除同事間產生的誤會

人非聖賢，孰能無過。一不小心做錯了事就會影響別人對你的看法，在辦公室裡尤其如此，很容易讓同事產生誤會。所謂誤會，是指別人對你的看法與你的實際不符，是無意中產生的認知上的錯誤。這種情況在同事之間並不少見。形成的原因有兩個方面：一是自身的言行不夠謹慎，言談行事有欠周到、欠細緻、欠精明之處，致使他人不能準確地領會你的意圖。二是對方主觀臆測的傾向，由於每個人不同的經歷、學識、價值觀、氣質、心境等因素的影響，對同一件事、同一句話，不同的人會有不同的理解。誤會給我們帶來痛苦、煩惱、難堪，甚至會產生預料不及的悲劇。所以，陷入誤會的圈子後，必須調整自己，採取有效的方式予以消除，使自己與他人都儘快地輕鬆、舒暢起來。

一、消除自我委屈情緒

出現誤會後，不為自己辯解，總以為自己正確，有道理，不被理解。心中懷有委屈情緒的人，必定不願開口向對方做解釋，這種心理障礙妨礙彼此間的交流。此時，應多替對方著想。無論他是氣量小、心胸窄還是不瞭解真相、不瞭解你的一番苦心，都不必去計較，只要你真誠地向他表明心跡，那麼，誤會便會消除。

二、查清原因方可化解怨恨

產生誤會後，一方怒氣沖沖，充滿怨恨、敵視；一方滿腹狐疑，委屈壓抑，雙方隔閡越陷越深，而且一談即崩，大有新的誤會接踵而來之勢。此時，需要冷靜。你必須下一番工夫內查外調，了解清楚對方的誤解源於何處，否則任憑你費多少口舌，也不會解釋清楚。處理不好，還會越描越黑，弄巧成拙。

三、書信可傳情

面對一封信要比面對當事人從容得多，當面難以啟齒的話題在信上也會坦然地表達出來。書信的效果往往比當面交涉的效果更佳。但要注意，寫信時措辭一定要簡短、親切、明瞭，切忌用詞輕挑不莊重，語氣需要真摯、誠懇，充分表達出自己願意消除誤會、重新和好的急切心情，表達自己至今仍銘記以往的友情，以及對對方的信賴和尊敬。

四、行動是最好的證明

有的誤會用語言不能解釋清楚，那麼就用與之相反的行動去證實。如朋友誤解你與某一異性有曖昧行為，你又說不清楚。那麼，你只要與自己的親密伴侶相依相伴、相敬如賓、親密無間、雙雙出入社交場合，令他人找不到破綻，誤解也就自然消失了。

五、戰勝自己的懦弱

當面說清誤會的類型千奇百態、多種多樣，但解決的最簡捷、最方便的方法便是當面說清，大多數的人也都喜歡這種方法。記住，如果有誤會需要親自向對方說明，你千萬不要找各種藉口推脫，一定要克服困難，戰勝自己，想盡辦法當面表明心跡。不要輕信第三者的隻言片語。

六、不可放過好時機解釋緣由

消除誤會，必須選擇好時機。一定要考慮對方的心境、情緒等感情因素。最好能選擇對方心情愉快的時候，當時對方心情會較放鬆，胸懷也就較為寬廣，抓住這些時機表白，往往能得到對方的諒解，重歸於好。

七、越拖越被動

有人被誤會攪得焦頭爛額，總覺心中有難處，不好啟齒，結果礙於情面，時間越拖越長，誤會越陷越深，到最後無限制地蔓延，造成了令人極為苦惱的後果，反倒更加痛苦。所以，有了誤會，要迅速解釋清楚，拖的時間越長，就越被動。

八、請主管、同事幫忙

人與人之間的誤會常常是在工作中產生的，雙方的誤解涉及許多因素。個人解決可能會受到限制，以致不能明白透徹。故請他人幫忙，的確是很明智的。

九、重新聚會

區區小誤會，沒必要興師動眾，大費口舌，也不便於直說，但雙方在心理上又都覺得不愉快，有了生疏感。此時，你可邀請對方或故地重遊，或聚會暢談。在和諧、友好的氣氛中，彼此間心理上的距離便會縮短，以往的不快便會自然地消失。

不要輕易干擾同事的生活

在這個個人隱私愈發得到尊重和保障的時代，在辦公室裡談笑風聲，走出辦公室互不往來的現象司空見慣。現代人很少希望自己的私生活受到打擾。有的員工源於寂寞等原因，在下班後或者休息日，希望到同事家裡玩，這就意味著你將闖入同事的私生活。與其給同事造成不便，不如選擇其它方式，如去電影院看場電影、約好友打打球等。有的員工選擇去同事家裡拜訪同事，是想加深彼此的感情，加強彼此的關係，但於現代職場中，這種想法就需要視交情而定。因為現在公司的競爭環境決定了同事之間應該保持著一定的距離，不應該過於親密。所以，不要沒特殊因素時隨便住同事家跑，即使有事也要再三斟酌，要不要打擾同事，甚至同事主動邀請你去他家玩，你也要考慮要不要去。

有人拜訪同事，選擇的是突然襲擊的方式。不管你是蓄謀已久，還是走到同事住處附近臨時做的決定，無非是想給同事一個驚喜。這本身就違反了基本的社交禮儀，同事自然反感，而且這時你並不清楚同事家中的情況，也許同事家中不方便外人進入，那站在門外的你就成了燙手的山芋：不讓你進，明顯不給你面子；讓你進，將給自己增添很大的麻煩。一般情況是，相互之間很熟，實在抹不開面子，就請你進去，雖然同事臉上掛著笑容，心裡卻在罵你；如果相互之間並不很熟，對方就會問：「你有很重要的事嗎？」你自然說沒什麼重要的事。接著對方就找藉口推辭：「對不起，我正在休息。」或者：「我有很要緊的事，一會兒就出去。」貿然闖入同事家中，會給同事造成不便，甚至危及到同事的隱私。你的這種不尊重他人的冒失行為，一次就會讓同事怕了你，生怕你再做出什麼驚人的舉動，以後就會小心提防你。

一、會打亂同事的生活安排

每個人都有自己的生活方式，而且每天如何度過，都做了統籌安排。你貿然闖入，自然會打亂人家的生活秩序。人的本性是首先為自己活著，所以沒人情願犧牲自己的時間，去滿足另一個利益不相關者的需要。你的冒失自然會讓對方感到不悅，如果再侵害了對方的利益，對方就會記恨你了。

安德魯跟大衛是對桌的同事。前段時間，安德魯曾接受大衛的邀請與別的同事一起去大衛家玩過。這天晚上，安德魯經過大衛居住的小區，一看時間還不算晚，就決定去大衛家玩。到了樓下，他按響了門鈴。門鈴響了好一會兒，大衛才應聲，問是哪位。安德魯理直氣壯地自報姓名，然後笑嘻嘻地說：「這麼早就上床了呀？」大衛猶豫了一會兒，還是把門開啟了。大衛的岳母來了，本來商定晚飯後陪岳母出去逛逛，但現在安德魯貿然闖入，自己只好不去了。妻子不情願獨自帶著母親出去。安德魯自認為跟大衛關係很熟，也沒覺得不妥。跟大衛亂七八糟地聊了一會兒，又看起了球賽。

大衛的岳母和妻子回來了，球賽還在繼續，安德魯也沒有告辭的意思。大衛不停地佯裝打哈欠。安德魯卻讓大衛堅持一會兒，看完球賽就走。好不容易送走安德魯這個不速之客，大衛洗漱後走進臥室，沒想到妻子還沒睡，氣沖沖地質問：「我媽重要，還是你同事重要？」大衛說：「當然是媽重要了，可是安德魯……。」妻子警告說：「以後你再讓同事貿然到家裡來，別怪我不給你面子！」當然此時的大衛更是火冒三丈了。從此大衛就故意躲著安德魯，最明顯的就是下班後拒絕接聽安德魯的電話。一個假日，安德魯在公司加班，老闆也來了，讓安德魯通知大衛到公司裡來。安德魯撥打大衛的手機，大衛不接，撥打大衛家裡的電話，還是沒人接。安德魯急得滿頭大汗，只得跟老闆說連絡不上大衛。老闆不相信，用自己的手機跟大衛連絡，大衛的手機很快接通了。第二天上班，安德魯責備大衛昨天去那裡了，怎麼不回他電話。大衛說他在外邊玩，手機放在包裡，沒聽見。安德魯心想，老闆的電話怎麼就聽見了？顯然自己不知怎麼把大衛得罪了。老闆覺察到安德魯跟大衛的關係表面上很融洽，其實很僵。他暗暗調查，發現安德魯的同事也都反感他。一次公司職員事調整，一個與安德魯有親戚關係的副總向老闆推薦晉升安德魯。

老闆冷冷地說：「他每次打電話給同事都沒人願意接，你讓他管理誰？」一句話就將對方頂了回去。

二、容易發現同事的隱私

有時候，你貿然闖入同事家中，會不經意發現同事的隱私。這可是最忌諱的事情。本來很融洽的同事關係，一下就變得很微妙了，甚至產生不可逾越的鴻溝。

艾迪貿然拜訪同事，才發現同事跟他妻子感情不和。他向同事的妻子問候，對方根本不理睬，轉頭走進臥室，並把門摔得「砰」的一聲響。艾迪很尷尬，想馬上離開，又怕讓同事面子上過不去，於是閒聊了一會兒才告辭。後來部門裡傳出該同事婚姻出現危機的消息，是公司的另一個同事從別的管道中得知並傳播的。可是該同事卻認為是艾迪所為，並與艾迪形同陌路。

艾迪別提有多委屈了。要想到同事家裡拜訪同事，一定要徵求同事的同意，才合禮儀也讓雙方開心會面。這就要求你事先約定。你可以拋磚引玉，讓同事請你去。你可以談話時不經意地傳遞你的意向，探探同事的態度。比如：「你住在哪個方向？」或者：「聽說你家的房子很寬敞？」如果同事想讓你去他家，自然會說：「有時間去玩吧。」如果同事不主動邀請你，或者回答得很簡潔，也不帶一點感情色彩，那麼自然是不希望你去打擾他。要有禮貌地提出拜訪請求。

比如：「星期六去你家玩，你有時間嗎？」或者：「我現在在你居住的小區附近，方便過去嗎？」萬萬不可以指令的口氣說：「星期六去你家玩，準備一下。」或者：「我現在在你居住的小區外邊，一會兒就過去了。」即使彼此非常熟悉，也要禮貌地提出自己的要求，只要從對方的話裡聽出一絲不情願的意思，就不要勉強。

同事之間的交往不要太隨便，即使你們在辦公室裡的關係很融洽。否則，讓同事產生不悅，從心理對你排斥，長此以往，你就成了孤家寡人了。

成為辦公室中的受歡迎者

辦公室的成功者在與同事的交往中不用花言巧語，卻能贏得大多數人的歡迎。這些人有很強的號召力，卻總是態度謙遜，做事從容，應對得體，從不感情用事。其實，說起來這也並沒有什麼太多的祕訣，只是他們遵循了保持良好同事關係的原則，掌握了與人良好溝通的技巧。

在我們的工作環境中，建立良好的人際關係，得到大家的尊重，無疑對自己的生存和發展有著極大的說明，而且有一個愉快的工作氛圍，可以使我們忘記工作的單調和疲倦，也使我們對生活能有一個良好的心態。

遺憾的是，我們常常聽到不少人對如何處理好辦公室裡的人際關係感到棘手，抱怨甚多。其實，只要我們為人正直，用心並努力，做個受人喜愛的同事並不是很難的事。根據行為專家的忠告和眾多人提供的經驗，我們不妨從以下幾個方面入手：

一、直接向上司陳述你的意見

在工作過程中，因每個人考慮問題的角度和處理的方式難免有差異，對上司做出的一些決定有其他的看法，在心裡有意見，甚至變為滿腹的牢騷。在這些情況下，切記不可到處宣洩，否則經過幾個人的傳話，即使你說的是事實也會變調變味，待上司聽到了，便成了讓他生氣和難堪的話了，難免會對你產生不好的看法。如果你經常這樣，那麼你就是再努力工作，做出了不錯的成績，也很難得到上司的賞識。況且，你完全暴露了自己的弱點，很容易被那些居心不良的人所利用。這些因素都會對你的發展產生極為不利的影響。所以最好的方法就是在恰當的時候直接找上司，向其表示你自己的意見，當然最好要根據上司的性格和脾氣用其能接受的語言表述，這樣效果會更好些。作為上司，他感受到你對他的尊重和信任，對你也會另眼相看，這比你處處發牢騷、風言風語好多了。

二、樂於從資深同事那裡吸取經驗

那些比你先來的同事，相對來說會比你累積了更多的經驗，有機會時我們不妨聆聽他們的見解，從他們的成敗得失裡尋找可以借鑑的地方，這樣不只有可以幫助我們自己少走彎路，更會讓他們感到我們對他們的尊重。尤其是那些資歷比你長，但其它方面比你弱一些的同事，會有更多的感動，而那些能力強的同事，則會認為你善於進取，便會樂於關照並提攜你。我們也常常會看到這樣的反例，有些人能力強，但在部門裡，自視甚高，不買那些老同事的帳，弄得老同事很反感。而這些老同事畢竟根基深厚，各方面都會考慮他們的意見，結果關鍵時候你會因此受挫，這不能不引起我們的重視。

三、對新同事提供善意的說明

新到的同事對手頭的工作還不熟悉，當然很想得到大家的指點，但是心有怯意，不好意思向人請教。這時，我們最好主動去關心幫助他們，在他們最需要得到幫助之時，伸出援助之手，往往會讓他們銘記終生，打從心底深深地感激你，並且會在今後的工作中更主動地配合和幫助你。所以你切不可自以為是，把新同事不放在眼裡，在工作中不尊重他們的意見，甚至斥責，這些態度都會傷害對方，從而對你產生惡感。

四、用自己的性別優勢關心異性同事

人們對任何形式的性騷擾都普遍感到反感，但是如果能利用自己性別上的優勢去關心異性同事，則會得到他們的好感。不能否認，兩性各有各的長處，比如男性較有主見，更能承受艱苦勞累的工作，也能更理性地分析並解決問題等等；而女性呢，則顯得比較有耐心，做事細心有條理，善於安慰人等等。儘管只是同事，並不是在家裡，但每個人也渴望得到同事們的關心和理解，若能善於發揮自己的長處，對異性同事多些關心和幫助，如男性多為女同事分擔一些她們覺得較為吃力的差事，女性多做些需要細心的工作，多為辦公室環境的優美做些事。這些對我們來說並不難，效果卻很好，對方對你所給予的關心與支援打心眼裡感激，將你視為可以信賴的好同事。

五、適當「讓利」，放眼將來

有一些人與同事的關係不好，是因為過於計較自己的利益，老是爭求種種的「好處」，時間長了難免惹起同事們的反感，無法得到大家的尊重，而且他們總在有意或無意之中傷害了同事，最後使自己變得孤立。事實上，這些東西未必能帶給你多少好處，反而弄得自己身心疲憊，並失去了良好的人際關係，可謂是得不償失。如果對那些細小的，不大影響自己前程的好處，多一些謙讓，比如部門裡分東西不夠時少分一些，榮譽稱號多讓給即將退休的老同事等等。再比如與其它人共同分享一筆獎金或是一項殊榮等等，這種豁達的處世態度無疑會贏得人們的好感，也會增添你的人格魅力，會帶來更多的「回報」。俗語所說的「吃小虧占大便宜」，從一定程度上說明這個道理。

六、讓樂觀和幽默使自己變得可愛

如果我們從事的是單調乏味或是較為艱苦的工作，千萬不要讓自己變得灰心喪氣，更不可與其它同事在一起怨聲嘆氣，而要保持樂觀的心境，讓自己變得幽默起來，如果是在條件好的部門裡，那更應該如此。因為樂觀和幽默可以消除彼此之間的敵意，更能營造一種親近的人際氛圍，並且有助於你自己和他人變得輕鬆，消除了工作中的勞累，那麼，在大家的眼裡你的形象就會變得可愛，容易讓人親近。當然，我們要注意把握分寸，分清場合，否則會討人嫌。只要你以真誠的態度注意從以上六個方面去努力實踐，同時在工作時保持做人的正義感，那麼做個讓人喜歡的好同事，得到一個好人緣並不難，工作便也成了一件令人快樂的事了。

第七課

以和為貴

如果只是一味地想戰勝對方，
那麼你所付出的代價自然高昂。
化解工作中的矛盾，首先從自己做起，
以和為貴才是辦公室高手所用兵法的精髓。

I Will Not Quit This Time

化解矛盾從自己開始

在辦公室中，化解矛盾要首先自己主動去做，你如何對待別人，別人也會如何對待你，要想走進別人的心靈，自己就要首先敞開胸懷。有人批評林肯總統對待政敵的態度：「你為什麼要試圖讓他們成為朋友呢？你應該想辦法去打擊他們，消滅他們才對。」

「我難道不是在消滅政敵嗎？當我使他們成為我的朋友時，政敵就不存在了。」林肯總統溫和地說。看來林肯非常懂得化解矛盾、搞好人際關係的祕訣。事實上，一個人即使為協調人際關係做出了很多努力，仍然不能完全免除與別人的衝突。只要人們之間發生交往，就會或多或少產生矛盾，這是由人的天性所決定的。辦公室中的同事之間，發生矛盾的原因不外乎這麼幾點：

一、觀點不同

這是人們之間發生衝突的最主要的原因，多見於主管之間，也經常發生在學術界。古人云：「道不同不相為謀。」由於對同一個問題產生不同的看法，人們之間便相互產生矛盾和隔閡，進而導致雙方互存偏見，相互攻擊，以至於發展到勢不兩立的地步。

二、趣味相異

這類衝突多發生在同事之間、鄰里之間。不同的人有不同的趣味和愛好，有不同的優點和缺點，甲所崇尚的東西乙未必就崇尚，乙所追求的東西甲可能嗤之以鼻。世界上沒有兩片相同的樹葉，也沒有兩個志趣完全相同的人。俗話說：物以類聚，人以群分，志趣不同的人是難以建立密切連絡的。

三、感情不和

這類衝突主要發生在親屬之間，如夫妻矛盾、婆媳矛盾、父母與兒女之間的矛盾等。家庭是一個人生活的主要場所，如果後院經常起火，一個人是難以把精力和注意力全都投入到事業上的。一個在事業上建立了輝煌成就的人，必定離不開家庭的支援。一個成功的男人背後必定有一個做出巨大犧牲的女人，反之亦然。

四、個性牴觸

性格、氣質不同以至相反的人，相互之間也會產生衝突。例如一個急性子人，會看不慣一個慢性子人做什麼事都磨磨蹭蹭；一個慢性子人，又會抱怨一個急性子人為什麼做什麼事都急急忙忙，總之，這兩種人常常互相不能理解和諒解，結果便產生一些矛盾。

五、產生誤會

人和人相處，即使主觀上不想發生摩擦，但仍然難以避免產生一些誤會，有些誤會甚至還是根深蒂固、難以消除的。例如，《紅樓夢》中賈寶玉和林黛玉便相互產生了誤會，曹雪芹對此做了饒有風趣的描繪。其實，類似這樣的誤會在現實生活中不知有多少。

六、發生糾紛

生活中有些衝突是隱性的，比如志趣不同的兩個人之間的衝突未必就公開化，但是也有不少矛盾是會激化的。例如同事之間、鄰里之間，甚至兩個陌生人之間，往往會因一點小矛盾而發生顯性的衝突，輕則產生口角，重則拳腳相加，以至於發展到不共戴天之仇。產生矛盾的原因有很多，但是歸根結底還是由於諸如狹隘自私、敏感多疑、剛愎自用等人性的弱點造成的。

人們思考和處理問題往往習慣於從自我出發，平時疏於與別人理解和溝通，因而出現矛盾後，總認為真理在自己手中，錯都是別人的。發生衝突應該說對雙方都是不利的，必然會對各自的事業產生消極影響。一個想要成就一番大事業的人，必須想方設法避免不必要的衝突，千方百計地消除各種矛盾，使自己有一個寬鬆和諧的工作和生活環境。那麼，在辦公室中，如何才能防止與別人產生衝突呢？

平常就要胸懷寬廣，高瞻遠矚，凡事講大局，講風格，講團結，為一個共同的目標而努力。

◎要注意調查研究

及時掌握員工的思想動態，努力化解各種矛盾，防患於未然，減少或完全消除人們之間的隔閡。

◎以理解的眼光看別人

懂得大千世界是五彩繽紛的，人也是各種各樣的。別人不可能完全與我們有一樣的志趣，我們不能像要求自己那樣要求別人，每個人都有自己的個性和特點，有不同的長處和短處。

寬容別人的過錯，明白世上沒有十全十美的人，包含自己在內誰都有缺點，誰都有可能犯錯誤，要給別人改正錯誤的機會，就像希望別人也原諒自己的過失一樣。對別人不要求全責備，要小事糊塗，大事明白，記住水至清則無魚。對別人要求過高就會曲高和寡，對別人太苛刻就會拒人於千里之外，對別人橫挑鼻子豎挑眼，就沒有人與我們共事。除非是涉及到原則性的問題要釐清楚是非曲直之外，對一些無關緊要的事，不能抓住不放，要大事化小、小事化了，甚至有意裝糊塗。

絕不應簡單問題複雜化，本來沒有多大的事，卻非要弄個水落石出，論出個我是你非，那只能是天下本無事，庸人自擾之。冤家宜解不宜結，即使有了矛盾，也應開誠布公，想方設法尋求理解和溝通，就事論事，不要把矛盾擴大，要勇於做自我批評，以自己的真誠換取別人的理解。

很多時候，矛盾並非不可化解，缺少的只是矛盾雙方的主動。從自己開始，去化解那些不涉及根本利益衝突的矛盾，你就會發現：困難遠比想像中的要簡單。

不要和同事搶功勞

辦公室是臥虎藏龍之地，同時也是魚龍混雜之所。當你挖空心思想出一個好主意，或者你勤奮工作為公司發展做出極大貢獻時，卻有人試圖把這份功勞歸為己有。面對這種情況，你該怎麼辦？總不能整天氣急敗壞吧？下面幾種方法或許對你有所幫助。

一、用短信澄清事實

當然，首先，寫的信不能有任何壞的影響，短信內容一定不能讓對方產生不悅。寫信的主要目的是要委婉地提醒一下對方，自己當初隨便提出的想法，是如何演變到今天這個令人欣喜的樣子的。在信中適當的地方，你可以寫上有關的日期、標題，可以引言任何現存書面證據。在短信的最後要建議進行一次面對面的討論，這是很重要的，這能讓你有機會再次含蓄地加強一下你的真正意思：這主意是由你所想出的。如果真的有人把你的功勞忘記了，想把功勞歸屬於自己，那麼這個方法倒能為你爭回功勞發揮一定的作用。

二、誇讚搶你功勞的人

誇讚搶你功勞的人，然後重申功勞是自己的說這番話的時候，要再一次對這位同事的獨一無二的才能和見解大加讚賞。這種方法對職場女性來說特別需要。很多研究者發現，女性員工喜歡從「我們」的角度——而不是「我」的角度來做事，所以她們的想法和首創就常常會被男性同事挪用。如果著眼於事情的積極一面——你的同事也是想方設法要做出最好的工作，而且他（她）對要做的事情也有獨到的看法——也許會有助於你解決這個可能很棘手的問題。當你覺得這個方法比較適合你套用時，你就應早點行動，如果等你的同事把你的想法散布開時再行動，困難就大得多了。

三、離開爭奪戰

初看起來，這似乎不是一種方法，或者不能算是一種很好的方法。但對某些人而言，這或許是最好的。你應該問一問你自己：哪個更重要，是把這個想法付諸實施，還是獨自擁有想出這個點子的名譽？這是一個複雜的問題，特別是對女性來說，什麼時候應該跟男同事理直氣壯地理論「挪用他人想法」的問題，什麼時候又應該做出一些犧牲呢？在做出決定時，應該考慮一下，要打這場「官司」得花費多少精力。在某些情況下，比如你正要接受一次重要的提升，要付出大量的時間和精力；或者除了「原則問題」之外其它並無妨礙，而要證明所有權只能使你疲備不堪……也許還會讓你的上級生氣，讓他們納悶你為什麼不能用你的時間來做點更有意義的事情。在這些情況下離開爭奪戰顯然是明智之舉，是上上之策。

盲目的衝動只會使情況變得更糟，用頭腦想清楚才能更好地面對客觀事實。很多時候，即便你在與同事搶功勞的過程中獲勝，從其它的角度來看卻是一場失敗。在全面權衡利與弊後，相信你自然能做出自己的選擇。

面對指責時要從容

在辦公室裡，遭到同事的指責和抱怨的事經常可以碰到。遭人指責抱怨，是件極不愉快的事，有時會使人覺得很尷尬，尤其是當著辦公室諸多同事的面受到指責，更是讓人不堪忍受。

麥金萊任美國總統時，因一項人事調動而遭到許多議員政客的強烈指責。在接受代表質詢時，一位國會議員脾氣暴躁、粗聲粗氣地給總統一頓難堪的譏罵。但麥金萊卻若無其事地一聲不吭，任憑這位議員大放厥詞，然後用極其委婉的口氣說：「你現在怒氣該平和了吧？照理你是沒有權力責問我的，但現在我仍願意詳細解釋給你聽……」說罷，那位氣勢洶洶的議員只得羞愧地低下了頭。

無論你遇到哪種情況的指責，都可以從容不迫、泰然處之。為擺脱被指責的尷尬局面，你不妨採納以下建議：

一、保持冷靜

被人指責總是令人不愉快的，面對使你十分難堪的指責時，你要保持冷靜，最好暫時能忍耐住，並做出樂於傾聽的表示，不管你是否贊同，都要待聽完後再做分辯。因對方的一兩句刺耳的話，就按捺不住，激動起來，硬碰硬，不僅解決不了問題，還易將問題搞僵，將主動變為被動。

二、讓對方亮明觀點

有些指責者在指責別人時，往往似是而非，含糊其詞，結果使人不知所云。這時，你可向對方提出講清問題的要求，態度要和氣，如「你說我蠢，我究竟蠢在哪裡？」或者「我到底做了什麼傻事？」以便釐清楚對方究竟指責和抱怨你什麼，讓對方及時亮明自己的觀點或看法。這一原則往往能有效地制止指責者對你的攻擊，並能將原來的攻防關係轉變為彼此合作、互相尊重的關係，使雙方把注意力轉向共同感興趣的問題。

三、消除對方的怒氣

受到指責，特別是在你確實有責任時，你不妨認真傾聽或表示同意對方對你的看法，不要計較對方的態度好壞，這樣，指責完畢氣也消了一半。即使當你確信對方的指責純屬無稽之談時，也要對其表示贊同，或者暫時認為對方的指責是可以理解的。這會使對方無力再對你進行攻擊，相反，你卻可以獲得更多的機會和時間進行解釋，從而消釋對方的怒氣，使隔膜、猜疑、埋怨和互不信任的堅冰得以化解。

四、平靜地給惡意中傷者以回擊

也許，大多數指責者並不是出於惡意而指責別人的。但是，在現實生活中，確有極少數人為了其個人目的而對他人進行惡意中傷。對於這樣的尋釁挑戰者，應該堅定地表示自己的態度，不能遷就忍耐，更不能寬容而不予回擊，但應注意適度，以柔克剛。這樣，會使你顯得更有氣魄，更有力量。

得饒人處且饒人

每天八小時，你對於辦公室的印象如何？有人形容它為「人間地獄」，有人則視它為完成理想的地方，當然也有人把它當作一個社會的縮影，一切奸詐欺哄，互相傾軋，在辦公室裡司空見慣。就以與同事之關係來說，如果你要認真地計較的話，每天隨便也可以找到四、五件令人生氣的事情，如：被人誣害、同事犯錯連累他人、受人冷言譏諷等等，有人不便即時發作，便暗自把這些事情記在心裡，伺機報復，但這種仇恨心理，不單無法損害對方分毫，更會影響自己的情緒，自食其果。

不管同事如何冒犯你，或者你們之間產生什麼矛盾，總之「得饒人處且饒人」，多一事不如少一事，凡事能夠忍讓一點，日後你有什麼差錯，同事也不會做得太過分，迫你走向絕境。

如何才能培養出這種豁達的情操呢？讓心思意念集中在一些美好的事情上，如：對方的優點，你在公司裡所奠定的成就等，當你的報復或負面的思想產生時，叫自己停止再想下去！忍耐，同時也是給自己留下了餘地。就算是公司裡最低層級的一名職員，他處理工作的時候，都喜歡以自己的方法進行，儘管上司發出一道道的指令，下屬在有意無意之間都滲入主觀的思想成分，從而在完成工作的過程中，獲得一點成就感。

如果你在公司裡扮演的是「中間人」的角色，你的上司是個難纏的人物，事事獨斷專行，而你的下屬又往往把你的說話當作「耳邊風」，每天，你都需要耗掉不少精力於這種人事糾紛上，據理力爭，儘量以最冷靜的態度表達你的抗議，但事情的效果卻未必理想，令你產生極大的挫折感，你渴望息事寧人，大家合作愉快，消除各人的誤解與隔閡，問題是，你應該如何緩和彼此間的矛盾？首先，你要釐清楚究竟自己對什麼事情感到不滿？你能否準確地指出問題的癥結所在？你是否真的有理由生氣？假如你發覺那只是自己一時的偏見或自以為是的弱點作怪，就應該馬上停止這種負面情緒的發展。

無論何時何地，也不管你對著什麼人說話，如果你覺得道理在自己這一邊的話，千萬別持「有理說不清」的消極思想，或亂講一些晦氣的話，你應該堅定地把自己的看法簡明道出，培養忍耐力，不要受到別人說話的影響，暴跳如雷，讓人覺得你是個缺乏修養的人。

在你未肯定自己的意見必定全對以前，為人為己留一點餘地，換言之，當你將自己的抗議說出來後，切勿表現出咄咄逼人的態度，你應該停止說話，大家好好冷靜一下，讓真相自己顯露出來。你會無端樹敵嗎？一個同事不知何故，總不跟你說話，甚至在背後中傷你，你應該以牙還牙嗎？不！那只會令你淪為潑婦罵街式的人物，亦妨礙你的事業進展。

首先，你該瞭解一下對方憎恨你的理由。他只是心胸狹窄，妒忌別人的精明幹練；抑或是你在平日言談之間，曾無意中使他出醜或得罪了他；還是你過分表現自己，構成對他的莫大威脅，他必須反擊；甚至於純因升職機會只有一個，所以他就要刻意地貶低你，抬高自己，以便順理成章地獲得升遷？任何一種情況下，你保護自己的最佳方法乃以靜制動。

其次，與其它同事保持良好關係，當拍檔忙得不可開交，多花些時間助他一臂之力，或利用午餐時間聽一個同事發牢騷。並不斷向上司提議新計劃，永遠顯示你最關心公司的業務。當你自己的基礎打好了，便可以反擊了。當聽到敵人中傷你，跑去請教他說：「我曉得你很關心我，請問問題在哪裡？以後直接告訴我好嗎？」還有對他要溫柔、友善，爭取幫他做額外工作，當贏得眾人對你的好評，還會在乎敵人無聊的中傷嗎？當你偶然發現某位跟你十分投契的同事，竟然在你背後四處散播謠言，數說你的不是和缺點，你才猛然覺醒，原來平日的喜眉笑目，完全是對方的表面文章！晴天霹靂之餘，你會痛心地想，跟他一刀兩斷吧！然而大家是同事關係，你若擺出絕交態度，一定吃虧，一則外人以為你主動跟他反目成仇，問題必然出在你身上，這無形中給對方又多一個藉口去傷害你，太不理智了。更何況你倆還有合作機會，加上老闆最不喜歡下屬因私事交惡而影響工作。

所以，你應該冷靜地面對。即日起，暗中將自己跟對方的距離拉遠，因為你曉得這是一個不可信任的人，但表面上最好保持以往跟他的關係，面對狡猾之人，你是忠直不得的！得饒人處且饒人，一方面顯得你大度，另一方面也使你可以更加靈活地處理辦公室裡的各種矛盾。「以和為貴」，最終收益的仍然是你。

不要與別人結怨

在辦公室中，彼此都是同事，都在為著同一公司工作。雖然，矛盾無法避免，但只要矛盾沒有發展到你死我活的境況，總是可以化解的。記住：敵意是一點一點增加的，也可以一點一點削弱。中國有句老話：冤家宜解不宜結。同在一家公司謀生，低頭不見抬頭見，還是少結冤家比較有利於你自己。

不過，化解敵意也需要技巧。與你關係最密切的拍檔，心底裡對你十分不滿。他不只有冷漠得嚇人，有時甚至你跟他說話，他也不理不睬。有些關心你的同事，曾私下探問過，為什麼你的拍檔對你如此不滿？可是，你究竟在什麼時候得罪了對方？連你自己也沒有一點頭緒。你實在按捺不住了，索性拉著對方問：「我究竟有什麼不對呢？」但對方只冷冷地回答：「沒有什麼不妥。」到了這個地步，如何是好？既然他說沒有不妥，你就乘機說：「真高興你親口告訴我沒關係，因為萬一我有不對的地方，我樂意改正。我很珍惜我倆的合作關係。一起去吃午餐，如何？」這樣，就可逼他面對現實而表態。要是一切如他所言的沒關係，共進午餐是很禮貌的行為。或者，邀他與你一起吃下午茶。在你離開辦公室時，開心地跟他天南地北聊一番。總之，儘量增加與他聯絡的機會。

友善的對待，對方如何也拒絕不得！你另有高就，準備遞辭呈時，你心想：「那幾個平日視你的痛苦為快樂的同事，一定很開心，如果趁這時自己地位超然，乘機向老闆告他們一狀，不是很痛快嗎？」奉勸你三思而行！所謂世界很小，若今天被你捉弄的同事，他日也可能成為你新公司的職員，你將如何面對他？這豈非陷自己於危險境地？要是對方的職位比你更高就更不妙，所以何必自製絆腳石呢？還有，所有上司都不會喜歡亂打小報告的下屬。試問終日忙於偵察人家的缺點，還有多少時間花在工作上呢？團結就是力量，所以千萬別在公司裡集結小圈子，應當把同事都視為好朋友，凡事以和為貴，即使有人故意處處為難你，但你必須耐著性子，不可意氣用事，因為同事間的爭執只會令工作效率下降，站在上司的地位，他是不會關心誰是誰非的，總之不合作就是你的錯。

一般人總愛聽讚美話，聰明的你就不妨大方一點，多讚美別人吧！「這個意見不錯，應當這樣做吧！」「真棒，你給我提供了一個好辦法！」這樣，下一次他會更努力地說明你。讚美別人之餘，要注意自己的表現，處處出盡風光，或者說話過分直率，容易使人覺得你自大而排擠你。所以永遠小心舌頭，同時要與同事們站成一線。人是感情的動物，在愉快的氣氛下工作可收事半功倍之效，不妨多關心別人、體貼別人，增加親切感，做起事來就更好辦。

由今天起，努力做個受歡迎的同事吧！成功的你，將來獲升遷的機會也會大增！笑容是最犀利的武器。當你託同事把文件做妥，說聲「麻煩你」，加一個笑容，他會被你的友善感染，以後會特別努力；或者同事把做好的計劃書交給你，別忘記謝謝他和微笑一下，這不但是禮貌，亦是感謝的表示。任何人都喜歡得到讚美。說一些別人愛聽的話，只要不是謊話，便不算埋沒良心。切莫對同事大聲叫嚷，這不但不禮貌、不友善，還表示你缺乏信心。即使你遇上難解的死結，情緒低落極了，也需要微笑，拋開煩惱，跟同事們談笑，藉此把惡劣心情沖淡，使精神集中於工作。不要自掃門前雪，若同事需要你的幫忙，不應吝嗇，盡力而為吧，即使不會立刻獲得回報，但你的投資是不會白費的，起碼他會認為你是大好人。

如果你做錯了事，且影響到別人，快道歉！勇於認錯的人並不多，這樣做自然給對方留下深刻印象。還有，處處設身處地去感受他人的心態，再給予支援，沒有人會不喜歡你的。

在工作上造成了一次嚴重的衝擊，例如跟某同事大吵大鬧起來，對你的專業形象和信心會有無形的壞影響，因為這顯示了你對控制人事問題不太成熟。冤家宜解不宜結，主動表示友善，露出誠懇之態，沒有人會拒之千里的。

第 8 課

不要陷入人事糾紛的漩渦

派系之爭純屬內耗，若一不小心站錯了邊，
就會成為其鬥爭的犧牲品。
遠離派系之爭，與同事等距離地交往，
從客觀的角度理順自己的人脈網路。

I Will Not
Quit This Time

派系相爭中沒有不倒翁

在辦公室中，派系鬥爭司空見慣。鬥爭嚴重的地方，衡量成員的標準也以他所屬的派系來定。常見的派系有同學幫、部門幫等幾種形式。同學幫，就是由校友結成的派系。畢業於同一地域的學校，甚至是同一所學校，進了同一個部門，以同學感情作為基礎，就很容易團結在一起。部門幫，就是以某一部門裡的上司為幫首，由部門員工結成的派系。

如技術幫、行銷幫。部門幫產生的前提，是上司馭人有術，既保證了部門的利益，還照顧到下屬的切身利益；下屬非常團結，為了部門利益和自身利益，一致同仇敵愾。即使以後分散到不同部門，也依然枝蔓纏繞，結幫成派。

其實，各種派系的產生與存在，無非是為了進行利益的角逐。聘用的時候，援助自己的人勝出；討論計劃的時候，推翻別人的計劃，讓自己人的計劃得以施行；即使自己的人無望晉升，也要阻止別派系的人晉升；說明自己的人爭奪客戶；為自己的部門爭取更優厚的福利等等。各派系爭來爭去，有贏的，自然就有輸的，所以成員的利益總是有失有得。

有的派系可能在競爭中占據上風的時間長一些，然而隨著時勢的變化，競爭的格局也將發生變化，沒有哪個派系是不倒翁，也沒有哪個老闆希望公司裡有派系之爭，更不希望有哪一個派系強大起來。老闆為了保持公司內部平衡，必然進行整合，有些人也就不可避免地跟著派系遭殃。

別處在鬥爭的夾縫中

辦公室權力之爭是殘酷的。為了得到更高的權力，不同的陣營都會極力拉攏和利用那些處在派系之外的人。這些處於鬥爭夾縫中的人，如何才能保持自己的權益？

一家餐飲公司總經理辦公室的祕書蜜雪兒，向人事部遞交了辭職信。她告訴自己的朋友，這次跳槽是迫不得已，兩名副總明爭暗鬥，作為祕書的她夾在中間，左右為難，身心俱疲。原來，蜜雪兒所任職的公司總經理之下設兩名副總。去年底，總經理透露他和太太要舉家遷至紐約，正職將從兩名副總中產生。為了能得到這個職位，兩名副總開始了明爭暗鬥，蜜雪兒則兩頭受氣。兩名副總先後找蜜雪兒談話，拐彎抹角打探消息，希望從蜜雪兒的口裡，聽到對方的負面消息。而在工作中，遇到事情，兩名副總背著總經理互相推委，在總經理面前，兩人又一團和氣。有的工作，蜜雪兒傳達多遍，他們卻跟總經理說蜜雪兒並沒有告知，總經理因此責備她辦事不力，蜜雪兒感到倍受委屈。

一天上午，史密斯副總問蜜雪兒，艾瑞克副總到辦公室了嗎？她如實說還沒有來。第二天，艾瑞克副總詢問蜜雪兒，原來，史密斯副總已告狀到總經理那裡。聽過蜜雪兒的解釋，艾瑞克副總倒什麼也沒說。發薪資時，蜜雪兒當月就被扣了全勤獎金。原來，蜜雪兒每週五留職進修英語，這是經過總經理同意的，從來沒有扣過錢。而這次總經理告訴她，其它主管有意見，少量扣一點，以服人心。但艾瑞克副總又告訴她，總經理這樣做不對，員工學習應該給予支援。史密斯副總又找她談話，意味深長地說別站錯了邊。

蜜雪兒不知如何是好。經過考慮，她祇好辭職。在辦公室中，我們不能只顧努力工作，還要隨時小心謹慎，提防派系鬥爭的波及。內含對你的上司、你的同事，都要隨時提防和小心，仔細觀察，冷靜思考。別像蜜雪兒那樣，不能圓滑地與分屬兩派的副總相處，最後一定成為犧牲品。

介入派系必然受害

在辦公室中有些人加入派系，是主動的，因為他要尋求派系的保護與支援。有些人加入派系，則是被動的，夾在派系之間，自然會有人來拉攏你。無論如何，總有一個前提，即你選擇的派系是一個你認為能為你爭取利益的派系。然而，公司裡的人際關係是錯綜複雜的，各種利益縱橫交錯，你很難看清一個派系的廬山真面目，有時你的確會從中受益，但有時也會讓你備受折磨。所以，從長遠來看，介入派系之中對你並沒有好處。

一、介入派系之中，會引起老闆的反感在公司裡，拉幫結派是老闆最痛恨的行為，因為這種行為不利於穩定，更不利於團隊合作，容易滋生推委扯後腿等不良現象。一個人即使業務能力很突出，一旦介入了派系之爭，就很難得到老闆的重用。因為提拔你，你肯定會身不由己的關照你那個派系的人，這對其它同事是不公平的，甚至為了派系的利益而犧牲公司的利益。即使你在競爭中占據了優勢，老闆也會找個藉口，讓你夢想落空。老闆一般會說：「雖然你能力很突出，但經驗不足，等累積了經驗後再給你重擔吧。」如果老闆想瓦解派系的勢力，就會說：「分公司有個更適合你的職位，不要辜負了公司對你的期望。」如果老闆雷厲風行，想藉此打擊一下拉幫結派的行為，就會擲地有聲地說：「拉幫結派的人，我是不會重用的！」

二、介入派系之爭，會讓你陷入被動，你一旦加入了某一個派系，就得遵守派系的「規矩」，認清目前正在鬥爭的對象是誰，潛在的敵人是誰，跟誰要保持距離，去團結誰，等等。其實從你個人利益出發，你不情願去做這些。但是，因為你加入了派系，考慮問題就得從派系的角度出發，你說一句話，或者做一件事，都必須考慮派系裡其它人的看法。這就使你失去了自主性，陷入了被動。被人牽著鼻子走，淪為別人的附庸，你的主動性必將一點一點地喪失掉。一個喪失主動性的人，是很難有所作為的。

三、介入派系之爭，會讓你失去多數同事的支援你加入某一個派系，就被貼上了這個派系的標籤。受標籤的影響，派系的對立者，自然跟你敵對，連那些不想介入派系之爭的人，都會離你而去。你也許本想加入派系團結更多的人，沒想到卻使更多的人離開了你。一個失去同事廣泛支援的人，在公司裡是很難得到重用的。老闆提拔一個人，不只看他的工作能力，還要看他在同事中的支援度，老闆不會因為提拔一個人，而失去多數員工對他的信任和忠誠。

四、介入派系之爭，會使你成為犧牲品加入某個派系，往往是一榮俱榮、一損俱損。有時，你可能隨著派系的得勢而受益，也可能成為派系爭鬥的無辜犧牲品。詹姆士進公司後不久，同一所大學的學長就來找他，他才知道公司裡有個同學幫，成員是以總經理祕書為首的一群校友，經常安排一些活動，比如足球賽、派對等一些非正式的聚會。跟著參加了幾次，他就情不自禁地加入了這個團體。後來詹姆士知道，總經理祕書跟人事部主管有些過節。人事部主管的職位是個肥差，總經理祕書進公司是衝著這個職位來的，卻在競聘中落敗。從此，兩個人表面上和睦相處，背後卻明爭暗鬥。詹姆士明白人事部主管對自己在職場的發展能發揮到關鍵作用，所以他表面上一直對人事部主管恭恭敬敬。詹姆士所在的技術部主管到了退休年齡，如果從部門裡晉升一個，論各方面的能力，非詹姆士莫屬。再加上有總經理祕書的「美言」，詹姆士認為自己這次勝券在握了。可是，人事部主管突然領著一個陌生人走進技術部，宣布這是新來的技術部主管，詹姆士心裡當然非常失落了。後來詹姆士得知，總經理開始是想從技術部裡提拔一個人，但是人事部主管向總經理進言，技術部的人都太年輕，找不出合適的人選，不如引進一條「鯰魚」，增強員工的危機感。總經理最終採納了人事部主管的建議。

詹姆士從人事部主管看他的眼神裡看出，這只不過是個藉口，就因為他是同學幫的人，人事部主管抓住了這個把柄，才存心壞他的好事。唉，誰叫自己不小心介入派系之爭的呢？從此刻起，請你遠離派系，遠離派系之爭吧！不要貪圖小集團給你帶來的那點好處，你選擇了派系，就失去了自我。

看清同事的真面目

在辦公室裡，由於種種利害關係的存在，這就使得同事之間存在著一種競爭關係，這種競爭關係使得同事之間相處摻雜了種種複雜因素。表面上大家同心同德、平平安安、和和氣氣，內心裡卻可能各自打各自的算盤。利害關係導致商界同事之間既可能同舟共濟，也可能各自想各自的心事。因此，這種關係表現出來便是和平與鬥爭共存。既為同事，幾乎天天在一起工作，低頭不見抬頭見，彼此之間會有各種各樣雞毛蒜皮的小事發生。各人的性格、脾氣稟性、優點缺點也暴露得比較明顯。尤其每個人行為上的缺點和性格上的弱點暴露多了，就會引發出各種各樣的瓜葛、衝突。同事之間，儘管彼此年齡資歷會有所不同，但因沒有距離感，因此產生不了敬畏之心。相互間你瞧不起我，我也看不上你，咱們彼此半斤八兩，這必然使每個人只看對方的缺點和弱點，日積月累，便成了對立之勢。

同事之間要在一起共同分工處理一些事情，這些事情如何處理，每個人都會有自己的一些想法。合適與否，在老闆眼裡的地位，對公司的發展，對每個人的利益會有什麼影響，每個人都有一本自己的帳。別人的見解，別人的處理方法，每個人都會拿來與自己做一番比較。一旦認為別人的水準不如自己，就會生出傲慢之心，瞧不起對方；若發現對方的能力強過自己，例如某同事工作做得很出色，經常受到上司的表揚，則又會令他人產生嫉妒之心。

「逢人只說三分話，未可全拋一片心」的戒條在同事關係上能得到淋漓盡致的表現，在利益為重的商界中，大家都戴著一副虛假的面具去對待自己的同事。故套話假話連篇，而直話真話很少。人們往往在同事面前擺出一副虛假的面孔，掩蓋自己的各種弱點，掩飾自身的真實面目。當然，上述只有是同事交往中心態的一個層面。從人性角度來看，除卻利益面前的勾心鬥角，大多數人在與別人打交道時都崇尚真善美，以和諧共鳴為最終目標。

商界同事之間也不例外，那是因為：

一、良好的同事關係，會使你在工作中更多地得到別人的幫助，得到別人的讚揚和鼓勵，使你感到左右逢源的力量。

二、良好的同事關係，會使你的形象在老闆心目中的地位得以迅速提升，從而對你委以重任，使你在公司中青雲直上。

三、良好的同事關係，會使你保持健康的心態、愉快的精神，成為你取之不竭的力量源泉，從而激發出自身巨大的潛能，在工作中不斷創造奇蹟。所以，在你與同事交往中，無論表現出「鬥爭」的一面抑或合作的一面，你都要把握住這樣一個真理：知人知面更要知心。

第一，從公司中的人際關係和派別來劃分同事的類型。組織越大，人際關係也愈複雜。大公司不像小公司，彼此關係良否一目瞭然。在大公司裡利害關係更為複雜，因此很容易產生一些「派系」問題。同事會因為擁護不同的領導者而形成不同的小團體，你在與同事相處之前，就必須先瞭解公司內的人際關係。而這些方面可以從同事平時的言語、行事作風，以及公司舉行的旅遊或聚餐活動中略知一二。當然，得知了這些訊息，並不是讓你不擇手段打入某個團體，那是小人行徑。你只要冷眼旁觀，不被捲入不良團體中即可，保持中立是絕佳法則。

第二，以細微末節看同事。人們常說，遇到大事時最能看出一個人的品行，殊不知，小事才能反映出一個人的品格。驚天動地的大事畢竟少之又少，而你每處理一件小事都是你思想的全部反映。自私的同事任何事情只想到自己，而顧全大局的同事考慮任何事情都是從整體利益出發。

第三，從其它同事眼裡看同事。你在與某個同事交往之前，不妨先從其它同事那裡多瞭解一下他的為人，聽聽別人對他的看法，然後再把這些「參考資料」與你自己接觸中的親身感受結合起來。

瞭解下屬有多深

你不可能永遠只做下屬。當有一天，你在辦公室中會當上高階或低階「主管」的時候，你對下屬的瞭解又有多深呢？有這樣一個故事：某個五星級飯店一位年輕的廚師因從廚房拿菜被人告發，飯店人事部門給這位平時非常勤奮的廚師降了一級薪資，並給予警告處分。這位廚師什麼都沒說，還像往常一樣勤奮地工作著。當休假的廚師長歸來後，聽說了這件事立刻找到了人事部經理。廚師長對人事部經理說：「這位廚師往家拿菜和我打過招呼，他母親患癌症多年，現在已到了末期，他是獨子，每天下班後都要到菜市場買菜，回家後照料母親。前一段時間我們飯店顧客多，廚房的工作量非常大，廚師經常做到深夜才回家。所以，他沒有時間買菜，他跟我說從廚房拿點菜回家，等到領薪資時再把菜錢補上，這是他自己記錄的拿菜清單。」人事部經理接過清單，只見上面記錄得清清楚楚，什麼時間拿的菜，菜的品種是什麼，價值多少錢歷歷在目。人事部經理看著這份清單感慨萬分地說：「我對本部門的員工瞭解得太少了，這是我的失職啊！」當晚，人事部經理和廚師長一起來到了這位年輕廚師的家，探望了他的母親，並恢復了他的原本薪資，也取消了給他的處分。

身為辦公室的管理人員，你到底對自己的下屬認識有多深？即使是在同一工作部門相處五、六年之久，有時也會突然發現竟然不曉得對方的真面目，尤其是自己的下屬對他的工作有如何的想法，或者他究竟想做些什麼，這些恐怕你都不甚清楚吧！結婚很久的夫妻，有時也難免彼此不大瞭解，實在不是很意外的事。作為一名辦公室管理者，應時時刻刻不忘提醒自己對下屬實際是「毫無所知」，懷有這種謙虛的態度，才能不忘處處觀察自己下屬的言行舉止，這才是瞭解下屬之最佳捷徑。

人類有時對自己都無法瞭解，因此，對他人也常是雖然相處數年而依然陌生，也就是未能理解對方。假如能多多少少曉得對方一點的話，那就好辦了。一個管理者，常為了不能知悉下屬而傷透腦筋，有句話說：「士為知己者死」，不過要做到這種「知」的程度，可不是那麼容易的。如果你能夠做到這一點，那麼，無論是在工作或人際關係上，你都可以列入第一流的管理者之中。瞭解下屬，有一個從初級到進階階段的層次劃分。

一、假如你自認為已經瞭解下屬一切的話，那你只是處在初步階段而已。下屬的出身、學歷、經驗、家庭環境以及背景、興趣、專長等，對你而言是相當重要的。如果你連這些最基本的事都不知道，那根本就不夠資格當管理者。不過，瞭解下屬的真正意義並不在此，而是在於曉得下屬的思想，以及其幹勁、熱誠、誠意、正義感等。管理者若能在這些方面與下屬產生共鳴，下屬就會感覺到：「他對我真夠瞭解的。」只有達到這種地步，才能算是瞭解下屬了。

二、即使你已經到達第一階段，充其量也只能說是瞭解了下屬的一面而已。當下屬遭遇困難時，如果你能事先預測他的行動，並且給予適時支援的話，這就是更深一層地瞭解了下屬。

三、第三階段就是要知人善任，使下屬能在自己的工作職位上發揮最大的潛力。俗話說：「置之死地而後生」，給他足以能考驗其能力的艱巨工作，並且在其面臨此種困境時，給予適當的指引，引導他如何起死回生，從而使他在實踐中不斷地鍛煉自己，迅速提高自己的工作能力。總而言之，對下屬你要有所認識，在心靈上有相互間的溝通與默契，這樣有助於鞏固你在辦公室的地位。

說好了這一次絕不辭職：不逃避勇敢面對職場的8堂課（讀品讀者回函卡）

■ 謝謝您購買本書，請詳細填寫本卡各欄後寄回，我們每月將抽選一百名回函讀者寄出精美禮物，並享有生日當月購書優惠！
想知道更多更即時的消息，請搜尋"永續圖書粉絲團"

■ 您也可以使用傳真或是掃描圖檔寄回公司信箱，謝謝。
傳真電話：（02）8647-3660　信箱：yungjiuh@ms45.hinet.net

◆ 姓名：＿＿＿＿　□男　□女　□單身　□已婚

◆ 生日：＿＿＿＿　□非會員　□已是會員

◆ E-Mail：＿＿＿＿　電話：（　）＿＿＿＿

◆ 地址：＿＿＿＿

◆ 學歷：□高中及以下　□專科或大學　□研究所以上　□其他＿＿＿＿

◆ 職業：□學生　□資訊　□製造　□行銷　□服務　□金融
□傳播　□公教　□軍警　□自由　□家管　□其他＿＿＿＿

◆ 閱讀嗜好：□兩性　□心理　□勵志　□傳記　□文學　□健康
□財經　□企管　□行銷　□休閒　□小說　□其他＿＿＿＿

◆ 您平均一年購書：□ 5本以下　□ 6～10本　□ 11～20本
□ 21～30本以下　□ 30本以上

◆ 購買此書的金額：＿＿＿＿

◆ 購自：＿＿＿＿市(縣)
□連鎖書店　□一般書局　□量販店　□超商　□書展
□郵購　□網路訂購　□其他＿＿＿＿

◆ 您購買此書的原因：□書名　□作者　□內容　□封面
□版面設計　□其他＿＿＿＿

◆ 建議改進：□內容　□封面　□版面設計　□其他＿＿＿＿
您的建議：

剪下後傳真、掃描或寄回至「22103新北市汐止區大同路三段194號9樓之1讀品文化收」

廣 告 回 信
基隆郵局登記證
基隆廣字第 55 號

2 2 1-0 3

新北市汐止區大同路三段 194 號 9 樓之 1

讀品文化事業有限公司　收

電話/(02)8647-3663　傳真/(02)8647-3660

劃撥帳號/18669219　永續圖書有限公司

請沿此虛線對折免貼郵票或以傳真、掃描方式寄回本公司，謝謝！

讀好書品嘗人生的美味

說好了這一次絕不辭職：不逃避勇敢面對職場的8堂課